高等职业学校"十四五"规划土建类工学结合系列教材

U0669065

建筑施工技术（下册）

（第二版）

主　编　刘豫黔　朱金华　黄　柯

副主编　黄喜华　许锡骏

参　编　郑煜缤　罗六强　金京华

华中科技大学出版社

中国·武汉

内 容 提 要

本书根据高等职业教育教学及改革的实际需求,以生产实际工作岗位所需的基础知识和实践技能为基础,更新了教学内容,增加了新技术、新设备、新材料和新工艺在施工中的应用,适当扩展了知识面,突出实际性、实用性、实践性。按照基于工作过程的教育理论,阐述建筑工程各个分部分项以及主要工种的施工原理,以建筑工程各个分部分项以及主要工种的施工实践过程为主线组织教学内容,以提高学生的基本能力和素质为目标,注重分析和解决问题的方法及思路的引导,注重理论与实践的紧密结合。

本书共分五个项目,按照房屋建筑工程施工的先后顺序及承接《建筑施工技术(上册)》(第二版)的内容,分为砌体工程、结构安装工程、屋面及防水工程、建筑装饰装修工程和墙体节能工程。

本书既可作为高等职业技术院校建筑施工技术、建筑管理、监理等相关专业的教材,也可作为相关技术人员的参考资料。

图书在版编目(CIP)数据

建筑施工技术. 下册 / 刘豫黔,朱金华,黄柯主编. -- 2 版. -- 武汉 : 华中科技大学出版社,2024.7
高等职业学校"十四五"规划土建类工学结合系列教材
ISBN 978-7-5772-0699-8

Ⅰ. ①建… Ⅱ. ①刘… ②朱… ③黄… Ⅲ. ①建筑施工-高等职业教育-教材 Ⅳ. ①TU74

中国国家版本馆 CIP 数据核字(2024)第 076494 号

建筑施工技术(下册)(第二版)　　　　　　　　　　　刘豫黔　朱金华　黄　柯　主编
Jianzhu Shigong Jishu (Xiace)(Di-er Ban)

策划编辑:金　紫
责任编辑:陈　忠
封面设计:原色设计
责任校对:周怡露
责任监印:朱　玢
出版发行:华中科技大学出版社(中国·武汉)　　　　电话:(027)81321913
　　　　　武汉市东湖新技术开发区华工科技园　　　　邮编:430223
录　　排:武汉正风天下文化发展有限公司
印　　刷:武汉科源印刷设计有限公司
开　　本:787mm×1092mm　1/16
印　　张:11.5
字　　数:279千字
版　　次:2024 年 7 月第 2 版第 1 次印刷
定　　价:49.80 元

前　言

高等职业教育作为高等教育的一个重要组成部分,是以培养具有一定理论知识和较强实践能力,面向生产、服务和管理第一线的职业岗位的实用型、技能型专门人才为目的的职业教育。它的课程特色是在必需、够用的理论知识基础上进行系统的学习和专业技能的训练。

本书基于高等职业教育的特点,根据高等职业教育教学及改革的实际需求,依据土建施工类专业教学标准,围绕培养高职学生的关键能力,以生产实际工作岗位所需的基础知识和实践技能为基础,更新了教学内容,增加了一些新技术、新工艺、新设备、新材料在施工中的应用,适当扩展了知识面,突出实际性、实用性、实践性。按照基于工作过程的教育理论,阐述建筑工程各个分部分项及主要工种的施工原理,以任务为导向,以建筑工程各个分部分项及主要工种的施工实践过程为主线组织教学内容,以提高学生的基本能力和素质为目标,注重分析和解决问题的方法及思路的引导,注重理论与实践的紧密结合。

全书包含五大学习项目:项目一砌体工程、项目二结构安装工程、项目三屋面及防水工程、项目四建筑装饰装修工程、项目五墙体节能工程。各项目选择典型施工工艺,以"建筑工程施工工艺"实施与管理的工作任务构建学习任务。

本书既可作为高等职业技术院校、大中专及职工大学土建类相关专业的教材,也可作为相关技术人员的参考资料。

全书由广西建设职业技术学院刘豫黔、朱金华和黄柯共同担任主编,由广西建设职业技术学院黄喜华和许锡骏担任副主编,广西建设职业技术学院郑煜缤、罗六强和中建八局金京华参与了本书的编写。具体编写分工为:刘豫黔负责设计教材的总体框架,制定编写大纲,组织教材编写及承担全书的定稿和统稿工作,朱金华编写项目一,黄喜华编写项目二,许锡骏编写项目三,刘豫黔编写项目四,黄柯编写项目五,金京华、罗六强提供大量工程案例、施工组织设计、施工技术交底、施工影像等真实项目资料,郑煜缤承担项目资料整理工作。

由于编者水平有限,经验不足,书中的缺点和错误在所难免,恳请读者批评指正。

编　者
于南宁
2024 年 2 月

目　录

项目一　砌体工程

　　砌体工程施工是指用胶结材料把各种砖、石和砌块黏结成构件的施工。砖砌体在我国有悠久历史，它的优点是取材容易、造价低、施工简单；它的缺点是自重大、劳动强度高、生产效率低，且普通烧结砖生产过程占用大量土地资源，难以适应现代建筑工业化的需要。因而采用新型墙体材料，改善砌体施工工艺是砌筑工程改革的重点。

　　墙体材料的发展方向是限制和淘汰实心黏土砖，大力发展多孔砖、空心砖、固废砖、灰砂砖、建筑砌块和建筑板材等各种新型墙体材料。

　　砌体结构可分为承重结构和非承重结构，承重结构多用于砖混结构的建筑。随着框架结构的普遍使用，砖砌体结构的功能逐步由承重向围护全面转变。

任务一　砌筑砂浆

任务目标

　　了解砌筑砂浆的材料特性及其发展方向；熟悉砌筑砂浆原材料及其质量要求；掌握砌筑砂浆制备、使用的要求。

一、砂浆的种类

　　砌筑砂浆按材料构成可分为水泥砂浆、石灰砂浆和混合砂浆；按制作工艺可分为自拌砂浆、预拌砂浆。

二、砂浆的等级

　　砌筑砂浆的强度用强度等级来表示。根据行业标准《砌筑砂浆配合比设计规程》（JGJ/T 98—2010），水泥砂浆及预拌砌筑砂浆的强度可分为 M5、M7.5、M10、M15、M20、M25、M30 七个等级；水泥混合砂浆的强度可分为 M5、M7.5、M10、M15 四个等级。

　　砂浆强度等级是以边长为 70.7 mm 的立方体试块，在标准养护条件下（温度为 20 ± 2 ℃、相对湿度为 95% 以上），用标准试验方法测得 28 d 龄期的抗压强度值（单位为 MPa）确定。一般情况下，多层房屋的墙采用强度等级为 M5 的水泥石灰砂浆；砖柱、砖拱、钢筋砖过梁等采用强度等级为 M5 或 M10 的水泥砂浆；砖基础采用强度等级为 M5～M10 的水泥砂浆；低层房屋或平房可采用石灰砂浆；料石砌体多采用强度等级为 M5 的水泥砂浆或水泥石灰砂浆；简易房屋可用石灰黏土砂浆。

三、砂浆的选择

　　应根据设计要求确定砂浆种类及其等级。

水泥砂浆和混合砂浆可用于砌筑处于潮湿环境和强度要求较高的砌体,但对于基础,一般采用水泥砂浆。

石灰砂浆宜用于砌筑处于干燥环境以及强度要求不高的砌体,不宜用于潮湿环境的砌体及基础。因为石灰属气硬性胶凝材料,在潮湿环境中,石灰膏不但难以结硬,而且会出现溶解流散现象。

四、材料要求

1. 水泥

(1)水泥进场时应对其品种、等级、包装或散装仓号、出厂日期等进行检查,并应对其强度、安定性进行复验,其质量必须符合现行国家标准《通用硅酸盐水泥》(GB 175—2007)的有关规定。

(2)当在使用中对水泥质量有怀疑或水泥出厂超过三个月(快硬硅酸盐水泥超过一个月)时,应复查试验,并按复验结果使用。

(3)不同品种的水泥,不得混合使用。

抽检数量:按同一生产厂家、同品种、同等级、同批号连续进场的水泥,袋装水泥不超过 200 t 为一批,散装水泥不超过 500 t 为一批,每批抽样不少于一次。

检验方法:检查产品合格证、出厂检验报告和进场复验报告。

2. 砂

砂浆用砂宜采用过筛中砂,并应满足下列要求:

(1)不应混有草根、树叶、树枝、塑料、煤块、炉渣等杂物;

(2)砂中含泥量,泥块含量,石粉含量,云母、轻物质、有机物、硫化物、硫酸盐及氯盐含量(配筋砌体砌筑用砂)等应符合现行行业标准《普通混凝土用砂、石质量及检验方法标准》(JGJ 52—2006)的有关规定;

(3)人工砂、山砂及特细砂,应经试配能满足砌筑砂浆技术条件要求。

3. 掺合料

拌制水泥混合砂浆的建筑生石灰、建筑生石灰粉及石灰膏应符合下列规定:

(1)建筑生石灰、建筑生石灰粉的品质指标应符合现行行业标准《建筑生石灰》(JC/T 479—2013)的有关规定;

(2)建筑生石灰、建筑生石灰粉熟化为石灰膏,其熟化时间分别不得少于 7 d 和 2 d;沉淀池中储存的石灰膏,应防止干燥、冻结和污染,严禁采用脱水硬化的石灰膏;建筑生石灰粉、消石灰粉不得替代石灰膏配制水泥石灰砂浆;

(3)石灰膏的用量,应按稠度 120 mm±5 mm 计量,现场施工中石灰膏不同稠度的换算系数,可按表 1-1 确定。

表 1-1 石灰膏不同稠度的换算系数

稠度/mm	120	110	100	90	80	70	60	50	40	30
换算系数	1.00	0.99	0.97	0.95	0.93	0.92	0.90	0.88	0.87	0.85

4. 水

拌制砂浆用水的水质,应符合现行行业标准《混凝土用水标准》(JGJ 63—2006)的有关规定。

5. 外加剂

在砂浆中掺入的砌筑砂浆增塑剂、早强剂、缓凝剂、防冻剂、防水剂等砂浆外加剂,其品种和用量应经有资质的检测单位检验和试配确定。所用外加剂的技术性能应符合国家现行有关标准《砌筑砂浆增塑剂》(JC 164—2004)、《混凝土外加剂》(GB 8076—2008)、《砂浆、混凝土防水剂》(JC 474—2008)的质量要求。

6. 允许偏差

配制砌筑砂浆时,各组分材料应采用质量计量,水泥及各种外加剂配料的允许偏差为±2%;砂、粉煤灰、石灰膏等配料的允许偏差为±5%。

五、砂浆制备与使用

1. 现场拌制砂浆

(1) 拌制砂浆用水的水质应符合行业标准《混凝土用水标准》(JGJ 63—2006)的规定。

(2) 砂浆现场拌制时,各组分材料应采用质量计量。

(3) 砌筑砂浆应采用机械搅拌,自投料完算起,搅拌时间应符合下列规定:

① 水泥砂浆和水泥混合砂浆不得少于 2 min;

② 水泥粉煤灰砂浆和掺用外加剂的砂浆不得少于 3 min;

③ 掺用有机塑化剂的砂浆,应为 3~5 min。

(4) 拌制后的砂浆应在规定的时间内用完。

2. 干混砌筑砂浆

干混砌筑砂浆是采用高质量聚合物设计生产的专用改良干粉砂浆、优质石井水泥、精选细骨料和聚合物添加剂合理配比而成的改良水泥基干粉材料,在工地加水后按要求用机械加以搅拌即可使用。

1) 产品特性

(1) 和易性好,黏结力强,收缩率低,具有良好的施工性。

(2) 优良的保水性,在干燥砌块基面都能保证砂浆有效黏结。

(3) 加水即用,质量稳定,施工方便,低耗、质轻。

(4) 符合《预拌砂浆》(GB/T 25181—2019)中干混砌筑砂浆的技术要求。

(5) 干混砌筑砂浆须在干燥环境下贮存,未开封产品的保质期为 3 个月。

2) 适用范围

干混砌筑砂浆可用于建筑内外墙各类砌体(实心砖、空心砖、各种混凝土砌块、料石、毛石等)的砌筑工程,适用湿法施工工艺,施工时须按要求淋湿砌块,一般用于非结构性修补及斜坡稳固、地台垫层。

3)使用方法

(1)基材表面洁净牢固,清除砌块表面的灰尘、油脂、颗粒等一切影响砂浆黏结性能的松散物。

(2)施工前,普通砖、空心砖应提前浇水湿润,含水率宜为10%~15%;灰砂砖、粉煤灰砖含水率宜为5%~8%。待砌块表面无明水后,才能进行砌筑工序。

(3)干混砌筑砂浆应随拌随用,不得将干混砌筑砂浆放在水中浸泡,应采用机械拌和。

(4)拌和干混砌筑砂浆的水必须用洁净水,灰水比为1:0.12(使用1000 kg砂浆,配120 kg洁净水),拌和时间为3~5 min,让砂浆与水充分拌和至没有结团块状,即可施工。

(5)用锯齿镘刀将砌筑砂浆满批在砌块的砌筑面上,施工厚度为5~10 mm。

(6)砌块砌筑完毕后,应立即清除砌块表面多余的浆料。

(7)如果施工期间最高气温超过30 ℃,则调好的浆料必须在拌成后2小时内使用完毕。

(8)干混砌筑砂浆在常温下即可硬化,通常室内施工时无须洒水养护,而在高温干燥天气下须洒水养护,确保其强度的稳定。

六、砌筑砂浆试块留置规定

1. 相关规范规定

《砌体结构工程施工质量验收规范》(GB 50203—2011)规定:

(1)每一检验批且不超过250 m³砌体的各种类型强度等级的砌筑砂浆,每台搅拌机至少抽检一次;

(2)在砂浆搅拌机出料口随机取样制作砂浆试块(同盘砂浆只应制作一组试块);

(3)砂浆强度以标准养护条件下龄期28 d的试块抗压试验结果为准。

2. 砌筑砂浆试块留置具体要求

(1)每一楼层不分施工段且砌体不超过250 m³时,每层留置一组试块。每层砌体超过250 m³时,每250 m³砌体留置一组试块。

(2)每一楼层划分施工段,且每施工段砌体不超过250 m³时,每施工段留置一组试块。每施工段砌体超过250 m³时,每250 m³砌体留置一组试块。

七、砂浆强度检验

砌筑砂浆试块强度验收时,其强度合格标准必须符合下列规定。

(1)同一验收批砂浆试块强度平均值应大于或等于设计强度等级值的1.10倍。

(2)同一验收批砂浆试块抗压强度的最小一组平均值应大于或等于设计强度等级值的85%。

注:①砌筑砂浆的验收批,同一类型、强度等级的砂浆试块不应少于3组;同一验收批砂浆只有1组或2组试块时,每组试块抗压强度平均值应大于或等于设计强度等级值的1.10倍;对于建筑结构的安全等级为一级或设计使用年限为50年及以上的房屋,同一验收批砂浆试块的数量不得少于3组;

②砂浆强度应以标准养护条件下28 d龄期的试块抗压强度为准;

③ 制作砂浆试块的砂浆稠度应与配合比设计一致。

抽检数量：每一检验批且不超过 250 m³ 砌体的各类、各强度等级的普通砌筑砂浆，每台搅拌机应至少抽检一次。验收批的预拌砂浆、蒸压加气混凝土砌块专用砂浆，抽检可为 3 组。

检验方法：在砂浆搅拌机出料口或在湿拌砂浆的储存容器出料口随机取样制作砂浆试块（现场拌制的砂浆，同盘砂浆只应制作 1 组试块），试块标养 28 d 后做强度试验。预拌砂浆中的湿拌砂浆稠度应在进场时取样检验。

八、实体检测的要求

当施工中或验收时出现下列情况，可采用现场检验方法对砂浆或砌体强度进行实体检测，并判定其强度：

(1) 砂浆试块缺乏代表性或试块数量不足；

(2) 对砂浆试块的试验结果有怀疑或有争议；

(3) 砂浆试块的试验结果不能满足设计要求；

(4) 发生工程事故，需要进一步分析事故原因。

任务二　墙体砌筑一般要求

任务目标

掌握保证砌筑工程施工质量与安全的重要要求。

一、材料要求

砌体结构工程所用的材料应有产品合格证书、产品型式检测报告，质量应符合国家现行有关标准的要求。块材、水泥、钢筋、外加剂尚应有材料主要性能的进场复验报告，并应符合设计要求。严禁使用国家明令淘汰的材料。

砌体砌筑时，混凝土多孔砖、混凝土实心砖、蒸压灰砂砖、蒸压粉煤灰砖、混凝土小型空心砌块等块体的产品龄期不应小于 28 d。

二、砌筑工艺

(1) 砌筑顺序应符合下列规定。

① 基底标高不同时，应从低处砌起，并由高处向低处搭砌。当设计无要求时，搭接长度 L 不应小于基础底的高差 H，搭接长度范围内，下层基础应扩大砌筑。

② 砌体的转角处和交接处应同时砌筑。当不能同时砌筑时，应按规定留槎、接槎。

(2) 砌筑墙体应设置皮数杆。

(3) 在墙上留置临时施工洞口，其侧边离交接处墙面不应小于 500 mm，洞口净宽度不应超过 1 m。抗震设防烈度为 9 度的地区建筑物的临时施工洞口位置，应会同设计单位确定。临时施工洞口应做好补砌。

(4) 不得在下列墙体或部位设置脚手眼：

① 120 mm 厚墙、清水墙、料石墙、独立柱和附墙柱；

② 过梁上与过梁成 60°的三角形范围及过梁净跨度 1/2 的高度范围内；

③ 宽度小于 1 m 的窗间墙；

④ 门窗洞口两侧石砌体 300 mm，其他砌体 200 mm 范围内；转角处石砌体 600 mm，其他砌体 450 mm 范围内；

⑤ 梁或梁垫下及其左右 500 mm 范围内；

⑥ 设计不允许设置脚手眼的部位；

⑦ 轻质墙体；

⑧ 夹心复合墙外叶墙。

（5）脚手眼补砌时，应清除脚手眼内掉落的砂浆、灰尘；脚手眼处砖及填塞用砖应湿润，并应填实砂浆。

（6）设计要求的洞口、沟槽、管道应于砌筑时正确留出或预埋，未经设计同意，不得打凿墙体和在墙体上开凿水平沟槽。宽度超过 300 mm 的洞口，应在其上部设置钢筋混凝土过梁。不应在截面长边小于 500 mm 的承重墙体、独立柱内埋设管线。

（7）砌筑完基础或每一楼层后，应校核砌体的轴线和标高。在允许偏差范围内，轴线偏差可在基础顶面或楼面上校正，标高偏差宜通过调整上部砌体灰缝厚度校正。

（8）搁置预制梁、板的砌体顶面应平整，标高一致。

（9）雨天不宜在露天环境下砌筑墙体，对下雨当日砌筑的墙体应进行遮盖。继续施工时，应复核墙体的垂直度，如果垂直度超过允许偏差，应拆除重新砌筑。

（10）砌体施工时，楼面和屋面堆载不得超过楼板的允许荷载值。当施工层进料口处施工荷载较大时，楼板下宜采取临时支撑措施。

（11）正常施工条件下，砖砌体、小砌块砌体每日砌筑高度宜控制在 1.5 m 或一步脚手架高度内；石砌体不宜超过 1.2 m。

任务三　砖砌体工程

任务目标

了解砖砌体材料要求、组砌方式、常见质量通病及其防治措施；熟悉砖砌体工程质量要求；掌握砖砌体施工工艺、质量要求及保证质量和安全的技术措施。

一、砖基础砌筑

砖基础是以砖为砌筑材料形成的建筑物基础。砖基础砌筑是我国传统的砖木结构砌筑方法，现代常与混凝土结构配合修建住宅、校舍、办公楼等低层建筑。

1.施工前准备

（1）清理：将基础垫层表面清扫干净。

（2）修整：用水准仪复核基础垫层上表面标高，如高差超过 30 mm，应采用 C15 以上细石混凝土找平，不得仅用砂浆填平。

（3）放线：利用墙体定位轴线桩或标志板（龙门板），在基础垫层表面上放出基础中心线,依基础中心线向两侧(或四侧)放出基础底面边线,放线后还要进行一次复核。

(4)立皮数杆:根据基础剖面图、砖的规格及灰缝厚度等制作基础皮数杆,杆上应画出室内地面线、各皮砖上边线、防潮层位置等。皮数杆立于基础转角处及交接处,并用水准仪复核皮数杆高低位置,使室内地面线与设计室内地面标高相一致。皮数杆之间的距离不宜超过 15 m,若超过此数应在中间加立。

(5)砖浇水:砖应提前 1～2 d 浇水湿润,普通砖含水率宜为 10%～15%。

(6)砖基础应采用实心砖与水泥砂浆砌筑。

2.组砌形式

砖基础下部扩大部分称为"大放脚",大放脚有等高式大放脚和不等高式大放脚两种(图 1.1)。等高式大放脚是每砌二皮砖收进一次,每边各收进 1/4 砖长。不等高式大放脚是每砌二皮砖收进一次与每砌一皮砖收进一次相间,但最下一层为二皮砖,每边各收进 1/4 砖长。

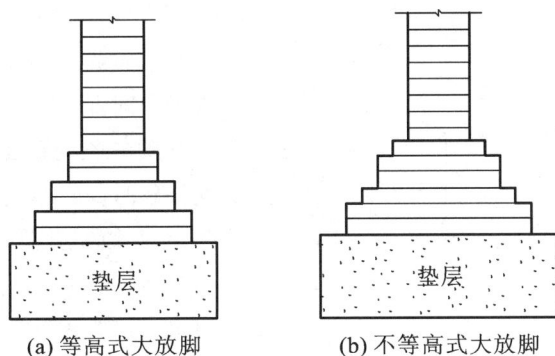

(a) 等高式大放脚　　(b) 不等高式大放脚

图 1.1　砖基础大放脚形式

砖基础立面组砌形式应采用"一顺一丁"。砖基础最底下一皮砖及每层大放脚的最上一皮砖宜以丁砌为主。砖基础上、下皮竖向灰缝相互错开,错开距离不应小于 1/4 砖长。砖基础的水平灰缝厚度和竖向灰缝宽度宜为 10 mm,但不应小于 8 mm,也不应大于 12 mm。

砖基础转角处应砌七分头砖(3/4 砖)予以错缝。图 1.2 所示为二砖半宽大放脚(等高式)的分皮砌法。

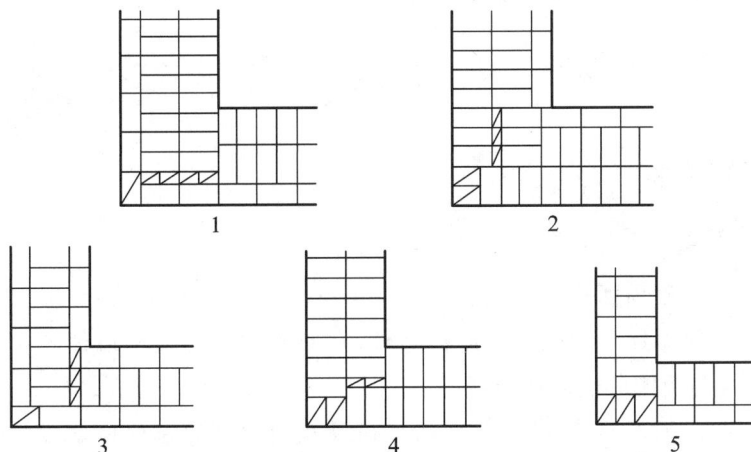

图 1.2　二砖半宽大放脚砌法

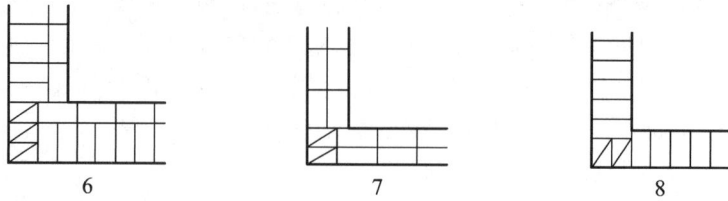

续图 1.2

砖基础丁字接头处,应隔皮在横基础端头加砌七分头砖,隔皮纵基础砌通。在十字交接处,横基础与纵基础应隔皮砌通。

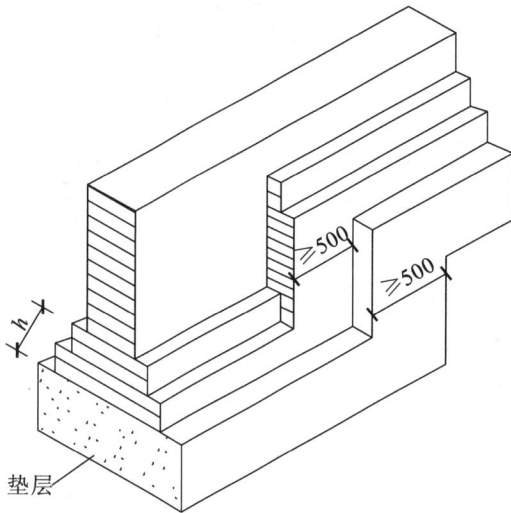

图 1.3　不同标高砖基础搭接(单位:mm)

砖基础底标高不同时,应从低处砌起,并由高处向低处搭接,如设计无要求,搭接长度不应小于大放脚的高度,并不小于 500 mm(图 1.3)。

砖基础可先砌转角处、交接处几皮砖,再拉准线砌中间部分。纵、横基础应同时砌筑。

砖基础的临时间断处应砌成斜槎,临时间断处补砌时,必须将接槎处表面清理干净。洒水湿润,并填实砂浆,保持灰缝平直。

砖基础中的洞口、管道和预埋件等应于砌筑时正确留出或预埋。洞口宽度超过 300 mm 的应在其上部设置钢筋混凝土过梁。

砖基础中的防潮层,如设计无具体要求,宜用 1:2.5 的水泥砂浆加适量防水剂铺设,其厚度一般为 20 mm。

砌完基础后应及时回填,回填土应从基础两侧同时进行。如单侧填土,应在砖基础达到侧向承载能力和满足允许变形要求后进行。

二、实心砖砌体砌筑

(一) 墙体砌筑

1. 施工前准备

(1)清理:将基础顶面清扫干净。

(2)放线:利用墙体定位轴线桩或标志板,在基础顶面上放出墙体定位轴线(或墙体中心线),依此线向两侧放出墙体边线。

(3)立皮数杆:根据墙体剖面图、砖的规格及灰缝厚度等制作墙体皮数杆,杆上应画出室内地面线、各皮砖厚度、灰缝厚度、墙内各构件(如过梁、圈梁、门窗等)的高度及标高位置等。皮数杆立于墙体转角处及交接处,并用水准仪复核皮数杆高低位置,使皮数杆上的室内地面线与设计室内地面标高相一致。皮数杆之间的距离不宜超过 15 m。

（4）砖浇水:砖应提前 1～2 d 浇水湿润,严禁采用干砖或处于吸水饱和状态的砖砌筑,块体湿润程度宜符合下列规定:

① 烧结类块体的相对含水率为 60%～70%;

② 混凝土实心砖不需要浇水湿润,但在气候干燥炎热的情况下,宜在砌筑前对其喷水湿润。其他非烧结类块体的相对含水率为 40%～50%。

（5）搭脚手架:当墙砌高 1.2 m 以上时就需要搭设脚手架,清水外墙宜采用外脚手架,内墙宜采用里脚手架。

（6）材料要求:实心砖墙可采用烧结普通砖、蒸压灰砂砖、免烧砖或粉煤灰砖与水泥混合砂浆砌筑。砖和砂浆的强度等级必须符合设计要求。对于 6 层及 6 层以上房屋的外墙、潮湿房间的墙以及受振动或层高大于 6 m 的墙,砖的强度等级不应低于 MU10,砂浆强度等级不应低于 M5。用于清水墙、柱表面的砖,应边角整齐,色泽均匀。不同品种的砖不得在同一楼层混砌。

2. 工艺流程

放线→立皮数杆→基层表面清理、湿润→排砖与摆底→盘角、挂线→砌筑→质量验收。

3. 组砌形式(采用标准实心砖 240 mm×115 mm×53 mm)

实心砖墙的厚度有半砖（115 mm）、一砖（240 mm）、一砖半（365 mm）、二砖（490 mm）、二砖半（615 mm）等。个别情况下可砌成 3/4 砖（180 mm）、5/4 砖（303 mm）。

实心砖墙的立面组砌形式有全顺、一顺一丁、梅花丁、三顺一丁等(图 1.4)。

全顺是每皮砖都顺砌,上下皮竖向灰缝相互错开 1/2 砖长,适合砌半砖厚墙。

一顺一丁是一皮顺砖与一皮丁砖相间,上下皮竖向灰缝相互错开 1/4 砖长,适合砌一砖及一砖厚以上的墙。

梅花丁是同皮中顺砖与丁砖相间,上皮丁砖坐中于下皮顺砖,上下皮竖向灰缝相互错开 1/4 砖长,适合砌一砖及一砖半厚的墙。

三顺一丁是三皮顺砖与一皮丁砖相间,上下皮顺砖竖向灰缝相互错开 1/2 砖长;上皮顺砖与下皮丁砖竖向灰缝相互错开 1/4 砖长,适合砌一砖厚以上的墙。

组砌时要内外搭砌,上、下错缝,清水墙、窗间墙无通缝。混水墙中不得有长度大于300 mm 的通缝,长度 200～300 mm 的通缝每间不超过 3 处,且不得位于同一面墙体上。实心砖墙的水平灰缝厚度和竖向灰缝宽度宜为 10 mm,但不应小于 8 mm,也不应大于12 mm。水平灰缝的砂浆饱满度不得小于 80%,竖向灰缝宜采用挤浆或加浆方法,竖向灰缝不应出现瞎缝、透明缝和假缝,严禁用水冲浆灌缝。采用铺浆法砌筑砌体,铺浆长度不得超过 750 mm;当施工期间气温超过 30 ℃时,铺浆长度不得超过 500 mm。

实心砖墙的转角处应加砌七分头砖。图 1.5 所示为一顺一丁砖墙转角分皮砌法。图

(a) 全顺　　　　　　　　(b) 一顺一丁

(c) 梅花丁　　　　　　　(d) 三顺一丁

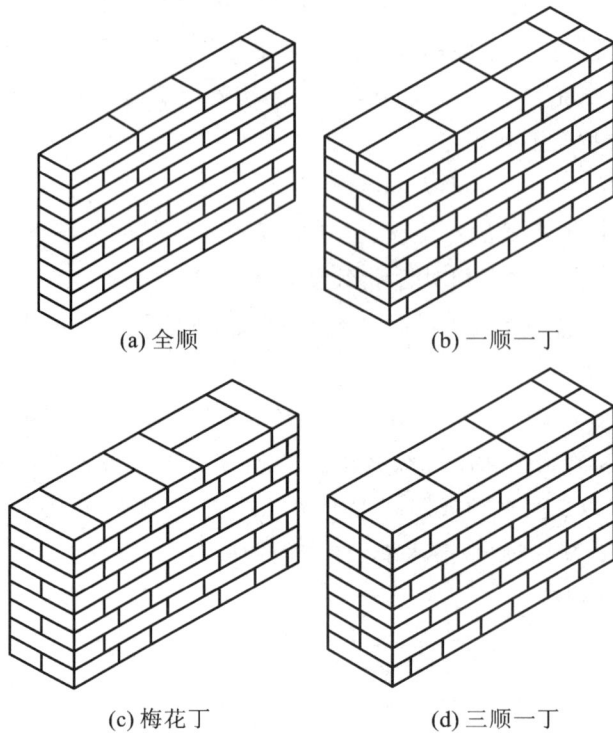

图 1.4　实心砖墙立面组砌形式

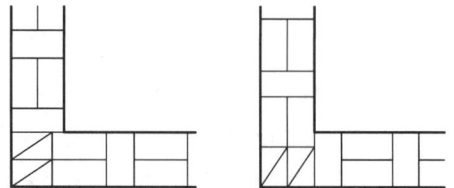

1.6 所示为梅花丁砖墙转角分皮砌法。

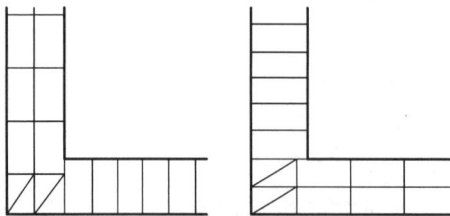

图 1.5　一顺一丁砖墙转角分皮砌法　　　　**图 1.6　梅花丁砖墙转角分皮砌法**

实心砖墙的丁字交接处,应隔皮在横墙端头加砌七分头砖,纵墙隔皮砌通。图 1.7 所示是一顺一丁砖墙丁字交接处分皮砌法。图 1.8 所示是梅花丁砖墙丁字交接处分皮砌法。

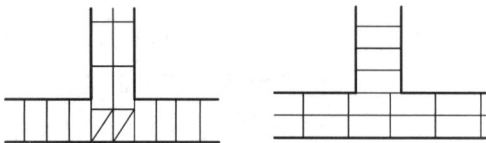

图 1.7　一顺一丁砖墙丁字交接处分皮砌法　　**图 1.8　梅花丁砖墙丁字交接处分皮砌法**

砖砌体的转角处和交接处应同时砌筑,严禁无可靠措施的内外墙分砌施工。

实心砖墙的临时间断处应砌成斜槎,斜槎长度不应小于斜槎高度的 2/3,斜槎高度不得超过一步脚手架的高度(图1.9)。

当不能留斜槎时,除转角处外,可留直槎,但直槎必须做成凸槎,且应加设拉结钢筋,拉结钢筋应符合下列规定:

① 每120 mm墙厚放置1ϕ6拉结钢筋(120 mm厚墙应放置2ϕ6拉结钢筋);

② 间距沿墙高不应超过500 mm,且竖向间距偏差不应超过100 mm;

③ 埋入长度从留槎处算起每边均不应小于500 mm,对抗震设防烈度6度、7度的地区,不应小于1000 mm;

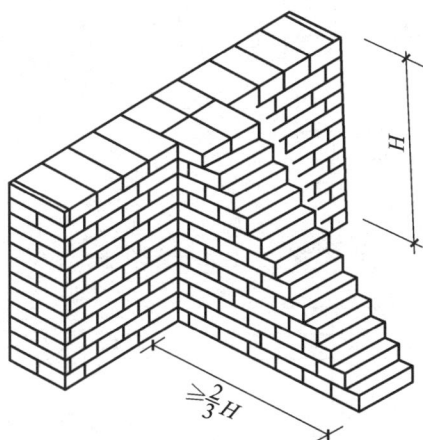

④ 末端应有90°弯钩(图1.10)。

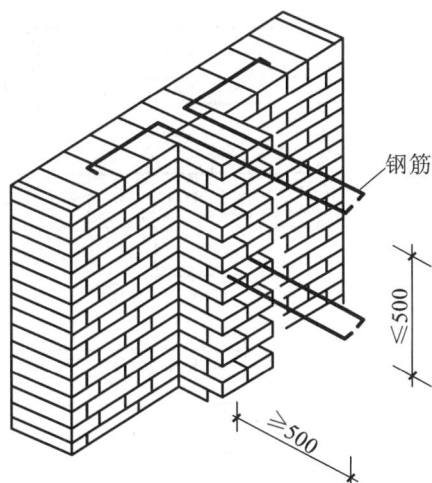

图1.9　实心砖墙斜槎 　　　　　图1.10　实心砖墙直槎(单位:mm)

砖墙接槎时,必须将接槎处的表面清理干净、浇水湿润,并应填实砂浆,保持灰缝平直。

每层楼承重墙的最上一皮砖应是整砖丁砌。在梁或梁垫下面、墙厚变化处以及砖挑檐等处也应是整砖丁砌。

弧拱式及平拱式过梁的灰缝应砌成楔形缝,拱底灰缝宽度不宜小于5 mm,拱顶灰缝宽度不应大于15 mm,拱体的纵向及横向灰缝应填实砂浆;平拱式过梁拱脚下面应伸入墙内不小于20 mm;砖砌平拱过梁底应有1%的起拱。

砖过梁底部的模板及其支架拆除时,灰缝砂浆强度不应低于设计强度的75%。

(二) 砖垛砌筑

砖垛是以砖为建筑材料砌筑而成的墙或某些建筑物凸出的部分,是建筑中重要的组成部分,常布置于墙的转角及纵横墙交接处,用以承重,相当于柱子,其上布梁。

1. 施工前准备

砖垛砌筑前的准备与实心砖墙相同。

2. 材料要求

砖垛宜用烧结普通砖与水泥混合砂浆砌筑。砖的强度等级不应低于MU7.5,砂浆强度等级不应低于 M5。砖垛截面尺寸不应小于 125 mm×240 mm。

3. 施工方法

砖垛的砌筑方法,应根据墙厚及垛的大小而定(图 1.11)。无论哪种砌法,应使垛与墙体逐皮搭砌,切不可分离砌筑。搭砌长度不小于 1/2 砖长(个别情况下最小为 1/4 砖长)。垛根据错缝需要,可加砌七分头砖或半砖。

砖垛砌筑应与墙体同时进行,不能先砌墙后砌垛或先砌垛后砌墙。砖垛灰缝要求同实心砖砌体。砖垛上不得留设脚手眼。

砖垛每日砌筑高度应与其附着墙体砌筑高度相等,不可一高一低。

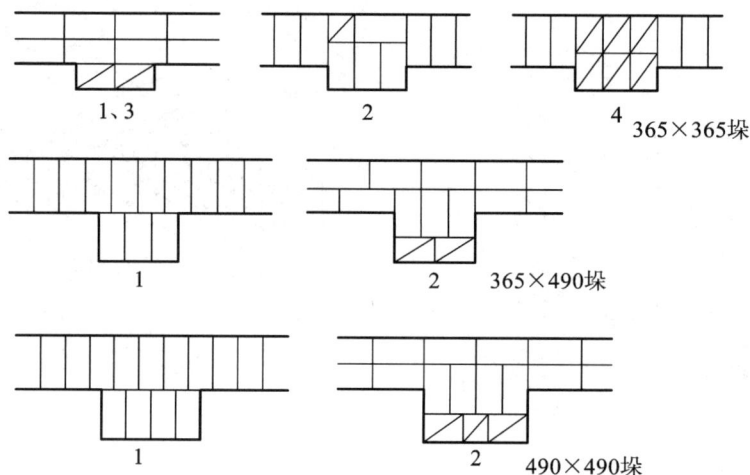

图 1.11　砖垛的砌筑方法

(三) 砖柱砌筑

1. 施工前准备

砖柱砌筑前,应根据柱高、砖的规格、灰缝厚度制作皮数杆,皮数杆上画出柱底标高、柱顶标高、砖厚度及灰缝厚度等。皮数杆不固定,随砖柱砌筑而移位;用于柱表面的砖,应选边角整齐、色泽均匀的整砖;砖提前 1~2 d 浇水湿润。

2. 材料要求

砖柱应用烧结普通砖与水泥砂浆(或水泥混合砂浆)砌筑。砖的强度等级不应低于MU10,砂浆强度等级不应低于 M5。

3. 施工方法

砖柱的截面尺寸不应小于 240 mm×365 mm。

砖柱一般都砌成矩形截面,依其截面大小有不同砌法(图 1.12)。无论哪种砌法,应使柱面上下皮的竖向灰缝相互错开 1/2 砖长或 1/4 砖长。在柱心无通天缝,少打砖,并尽量利用二分头砖。严禁采用包心砌法,即先砌四周后填心的砌法。包心柱从外面来看无通缝,但其中间部分有通天缝。包心柱整体性差、抗震性弱。

砖柱的水平灰缝厚度和竖向灰缝宽度宜为 10 mm。水平灰缝砂浆饱满度必须达到 90％以上,竖向灰缝砂浆应填实。

当几根同截面砖柱在一条直线上时,宜先砌两头的砖柱,再拉通线砌中间部分的砖柱。

在砖柱砌筑过程中,应经常用皮数杆检查砖皮高低情况,以免产生柱到顶时不够整皮砖的现象。

砖柱中不得留设脚手眼,砖柱每日砌筑高度不宜超过 1.5 m。

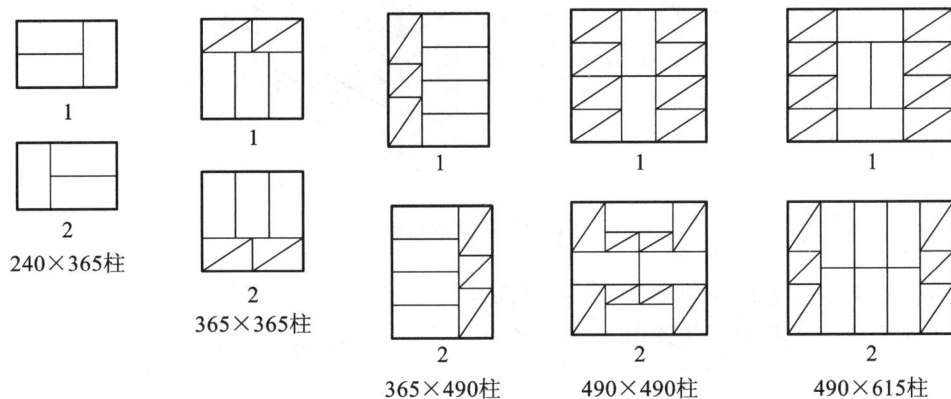

图 1.12　砖柱砌法

三、多孔砖砌体

1. 施工前准备

多孔砖墙施工前的准备与实心砖墙相同。

2. 材料要求

多孔砖墙可采用 M 型多孔砖或 P 型多孔砖与水泥混合砂浆砌筑。

M 型多孔砖墙厚度为 190 mm(个别情况下可采用 390 mm)。其立面组砌形式只有全顺一种,上下皮竖向灰缝相互错开 100 mm,砖内手抓孔平行于墙长(图 1.13)。

图 1.13　M 型多孔砖墙

3. 施工方法

P 型多孔砖墙厚度有 115 mm、240 mm 两种,其立面组砌形式有全顺、一顺一丁、梅花丁三种。全顺的上下皮竖向灰缝相互错开 120 mm;一顺一丁、梅花丁的上下皮竖向灰缝相互错开 60 mm(图 1.14)。

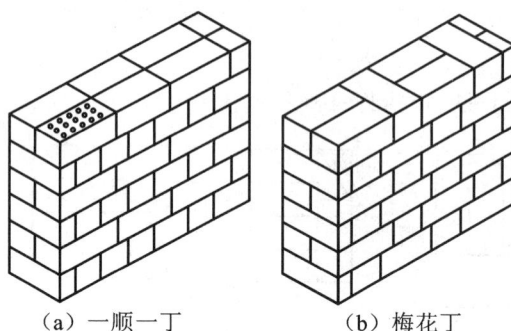

(a) 一顺一丁   (b) 梅花丁

图 1.14　P 型多孔砖墙

多孔砖墙的孔洞应呈垂直方向,砌筑前应试摆。

多孔砖墙的水平灰缝厚度和竖向灰缝宽度宜为 10 mm,但不应小于 8 mm,也不应大于 12 mm。水平灰缝砂浆饱满度不得小于 80%,竖向灰缝要刮浆适宜并加浆填灌,不得出现透明缝,严禁用水冲浆灌缝。

M 型多孔砖墙的转角处应加砌半砖。丁字交接处在横墙端头隔皮加砌半砖,纵墙隔皮砌通(图 1.15)。

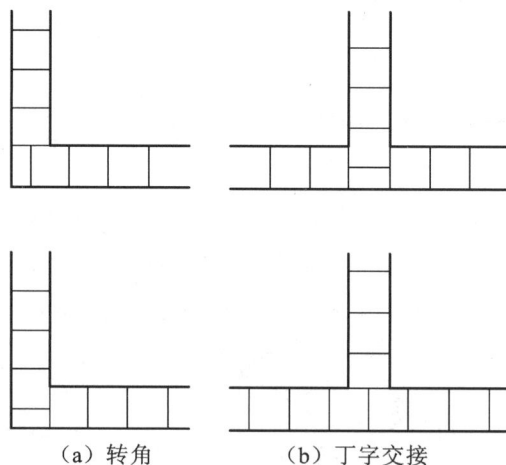

(a) 转角   (b) 丁字交接

图 1.15　M 型多孔砖墙转角及丁字交接处砌法

P 型多孔砖墙的转角处应加砌七分头砖。丁字交接处在横墙端头隔皮加砌七分头砖,纵墙隔皮砌通(图 1.16)。

多孔砖墙的临时间断处应砌成斜槎。M 型多孔砖墙的斜槎长度不应小于斜槎高度。P 型多孔砖墙的斜槎长度不应小于斜槎高度的 2/3(图 1.17)。

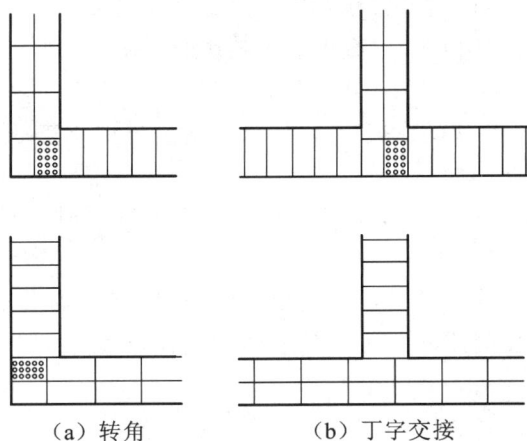

（a）转角　　　　　　（b）丁字交接

图 1.16　P 型多孔砖墙转角及丁字交接处砌法

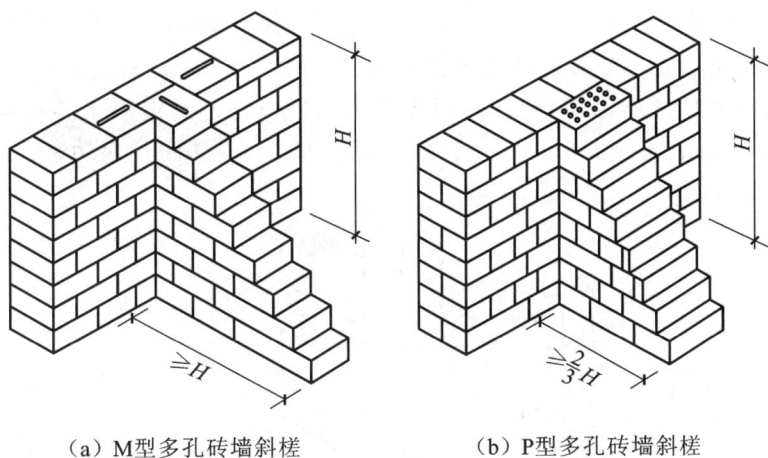

（a）M 型多孔砖墙斜槎　　　　　　（b）P 型多孔砖墙斜槎

图 1.17　多孔砖墙斜槎

任务四　砌块砌体

任务目标

了解砌块的种类、规格、常见质量通病及其防治措施；熟悉不同砌块的区别及安装工艺；掌握混凝土小型空心砌块的施工工艺及质量要求。

一、混凝土小型空心砌块砌体

（一）一般构造要求

混凝土小型空心砌块（简称混凝土小砌块）可用于砌筑基础和墙体。砌筑基础时应将其孔洞用 C15 混凝土灌实，并用强度等级不低于 M5 的水泥砂浆抹平。砌筑墙体时，应采用强度等级不低于 MU5 的小砌块和 M5 的砌筑砂浆。

在墙体的下列部位,应用 C15 混凝土灌实砌块的孔洞:

(1)无圈梁的楼板支承面下的一皮砌块;

(2)没有设置混凝土垫块的次梁支承处,灌实宽度不应小于 600 mm,高度不小于一皮砌块;

(3)挑梁的悬挑长度不小于 1.2 m 时,其支承部位的内外墙交接处,纵横各灌实 3 个孔洞,灌实高度不少于三皮砌块。

墙体如作为后砌非承重隔墙或框架间填充墙,沿墙高每隔三皮砌块(600 mm)应与承重墙或柱内预留的钢筋网片或 2φ6 钢筋拉结,钢筋网片或拉结钢筋伸入混凝土小砌块墙内的长度不应小于 600 mm(图 1.18)。

墙体的下列部位宜设置芯柱。

(1)在外墙转角、楼梯间四角的纵横墙交接处的 3 个孔洞,宜设置素混凝土芯柱。

(2)5 层及 5 层以上的房屋,应在上述部位设置钢筋混凝土芯柱。芯柱截面与砌块孔洞截面相同(截面尺寸不小于 120 mm×120 mm),宜用强度等级不低于 C15 的细石混凝土浇筑。钢筋混凝土芯柱每孔内竖向插筋直径不应小于 10 mm,底部应伸入室内地面下 500 mm 或与基础圈梁锚固,顶部与屋盖圈梁锚固。在钢筋混凝土芯柱处,沿墙高每隔三皮砌块(600 mm)应在水平灰缝中设钢筋网片拉结,钢筋网片每边伸入墙体不小于 600 mm(图 1.19)。

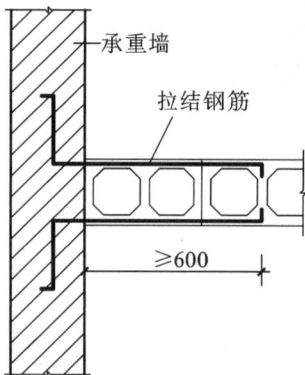

图 1.18 小砌块墙与承重墙拉结
(单位:mm)

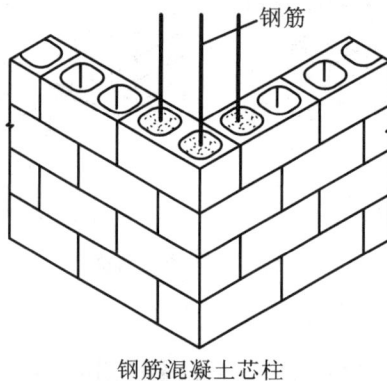

图 1.19 钢筋混凝土芯柱(单位:mm)

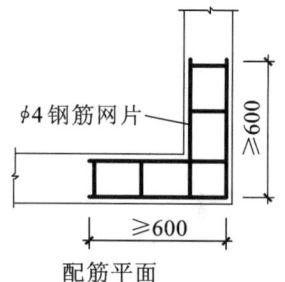

钢筋混凝土芯柱应沿房屋全高贯通,并与各层圈梁整体现浇,可采用图 1.20 的做法。

在抗震设防地区的混凝土小砌块房屋,应按表 1-2 的要求设置钢筋混凝土芯柱;对医院、教学楼等横墙较少的房屋,应根据房屋增加一层后的层数,按表 1-2 的要求设置钢筋混凝土芯柱。钢筋混凝土芯柱竖向插筋应贯通墙体且与圈梁连接;插筋不应小于 1φ2。钢筋混凝土芯柱贯穿楼板处,当采用预制装配式钢筋混凝土楼板时,可采用图 1.21 的做法。在墙体交接处或钢筋混凝土芯柱与墙体相接处,应沿墙高每隔 600 mm 在水平灰缝中设置钢筋网片,网片可用钢筋点焊而成,每边伸入墙内不宜小于 1 m。

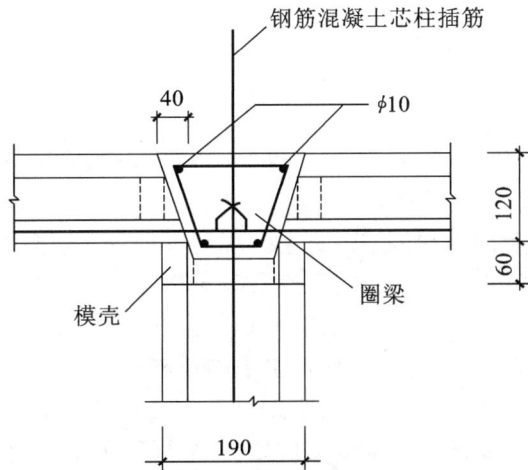

图 1.20　钢筋混凝土芯柱贯穿楼板的构造(单位:mm)

表 1-2　混凝土砌块房屋钢筋混凝土芯柱设置要求

房 屋 层 数			设 置 部 位	设 置 数 量
6 度	7 度	8 度		
四	三	二	外墙转角,楼梯间四角;大房间内外墙交接处	外墙转角灌实 3 个孔;内外墙交接处灌实 4 个孔
五	四	三		
六	五	四	外墙转角,楼梯间四角,大房间内外墙交接处,山墙与内纵墙交接处,隔开间横墙(轴线)与外纵墙交接处	
七	六	五	外墙转角,楼梯间四角,各内墙(轴线)与外墙交接处;抗震设防烈度为 8 度时,设置在内纵墙与横墙(轴线)交接处和洞口两侧	外墙转角灌实 5 个孔;内外墙交接处灌实 4 个孔;内墙交接处灌实4~5个孔;洞口两侧各灌实1个孔

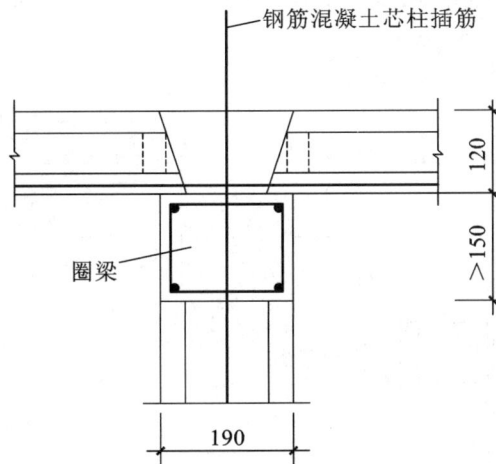

图 1.21　抗震区钢筋混凝土芯柱贯穿楼板(单位:mm)

(二)混凝土小型空心砌块砌体砌筑

1. 准备工作

(1)检查混凝土小砌块的龄期及干湿情况,龄期不足 28 d 及潮湿的小砌块不得砌筑。小砌块和芯柱混凝土、砌筑砂浆的强度等级必须符合设计要求。

(2)清除小砌块表面污物和钢筋混凝土芯柱用小砌块孔洞底部的毛边。

(3)承重墙体使用的小砌块应完整、无破损、无裂缝。

(4)小砌块不宜浇水,当天气干燥炎热时,可在小砌块上喷少量水湿润。

(5)对基础进行检查,并在基础顶面放出小砌块墙体的中心线及两侧边线。

(6)按照每层楼的墙体高度,计算出小砌块皮数及灰缝厚度,据此制作皮数杆。

(7)皮数杆应竖立于墙体转角处或交接处,皮数杆间距不宜超过 15 m。

2. 工艺流程

放线→立皮数杆→基层表面清理、湿润→排列砌块→拉线→砌筑→预留洞→质量验收。

3. 墙体施工要求

(1)混凝土小砌块墙应从转角处或交接处开始,墙体转角处和纵横交接处应同时砌筑。

(2)砌筑尽量采用主规格小砌块,只有在不够主规格处,才可采用辅规格砌块,但不得用小砌块与黏土砖混砌。小砌块应将生产时的底面朝上反砌于墙上。

各皮小砌块应对孔错缝搭砌,上下皮竖向灰缝相互错开 200 mm。个别情况无法对孔砌筑时,上下皮小砌块错缝搭接长度不应小于 90 mm。当不能保证此规定时,应在水平灰缝中设置 $2\phi6$ 拉结钢筋,拉结钢筋长度不应小于 700 mm;也可采用钢筋网片,网片用 $\phi4$ 钢筋点焊(图 1.22)。

在墙体转角处,应使纵横墙小砌块隔皮露头,并用水泥砂浆将露头面抹平(图 1.23)。在墙体丁字交接处,应使横墙小砌块隔皮露头,而在纵墙加砌 3 孔小砌块(590 mm×190 mm×190 mm),露头小砌块坐中于 3 孔砌块(对孔)。如果用主规格砌块在丁字交接处砌筑,则会出现三皮砌块高的通缝,这是不允许的。如果丁字接头处不设钢筋混凝土芯柱,也可用 1 孔半小砌块(290 mm×190 mm×190 mm)加砌,露头砌块坐中于 1 孔半小砌块的竖向灰缝(图 1.24)。

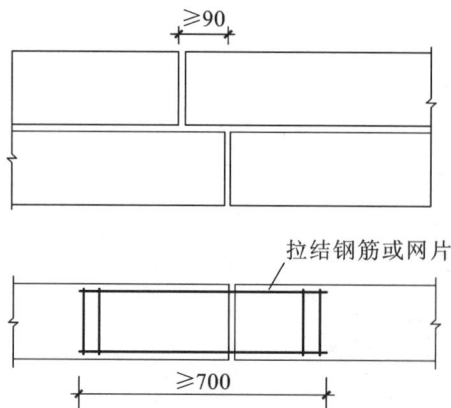

图 1.22　小砌块灰缝中拉结钢筋或网片

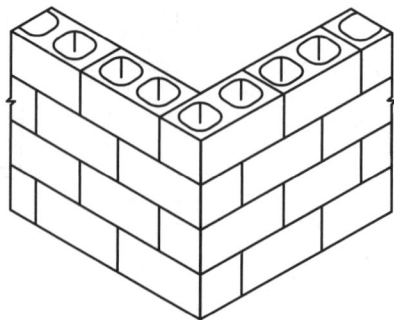

图 1.23　小砌块墙转角砌法

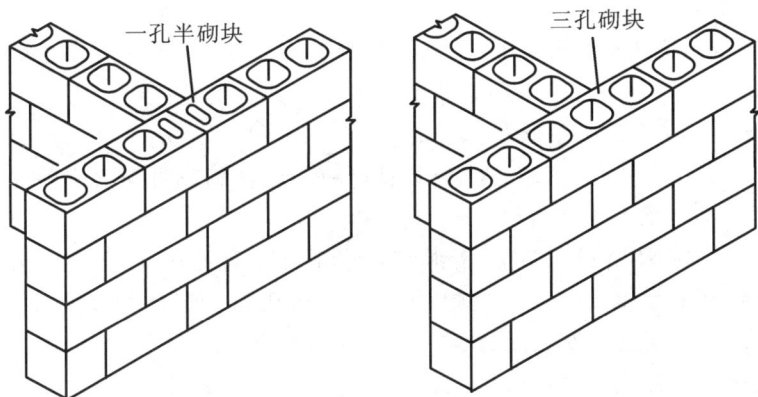

图 1.24 小砌块墙丁字交接砌法

（3）混凝土小砌块墙的灰缝应横平竖直，全部灰缝均应填满砂浆。砌体水平灰缝和竖向灰缝的砂浆饱满度，按净面积计算不得低于90%。不得出现瞎缝、透明缝。砌体的水平灰缝厚度和竖向灰缝宽度宜为10 mm，但不应小于8 mm，也不应大于12 mm。砌筑时严禁用水冲浆灌缝。

（4）临时间断处应砌成斜槎，斜槎水平投影长度不应小于斜槎高度（图1.25）。如留斜槎有困难，除外墙转角处及抗震设防地区外，可从墙面伸出200 mm砌成直槎，并沿墙高每隔三皮砌块（600 mm）在水平灰缝中设置拉结钢筋或钢筋网片，拉结钢筋用2ϕ6钢筋，钢筋网片用ϕ4钢筋点焊，拉结钢筋和钢筋网片伸出长度均不应小于600 mm（图1.26）。

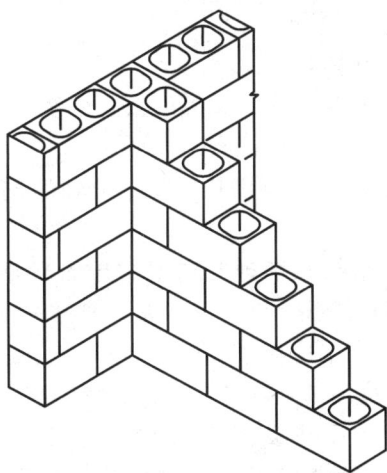

图 1.25 小砌块墙斜槎

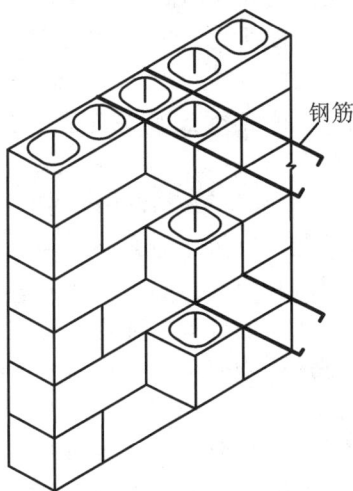

图 1.26 小砌块墙直槎

（5）施工洞口可预留直槎，但在洞口砌筑和补砌时，应在直槎上下搭砌的小砌块孔洞内用强度等级不低于C20（或Cb20）的混凝土灌实。

（6）小砌块墙体内不宜设脚手眼，当必须设置时，可用尺寸为190 mm×190 mm×190 mm的小砌块侧砌，利用其孔洞作脚手眼，砌筑完工后，用C15混凝土填实。但在墙体下列部位不得设置脚手眼：

①过梁上部，与过梁成60°的三角形及过梁跨度1/2范围内；

② 宽度不大于 800 mm 的窗间墙;

③ 梁和梁垫下及其左右各 500 mm 的范围内;

④ 门窗洞口两侧 200 mm 内和墙体交接处 400 mm 的范围内;

⑤ 设计规定不允许设脚手眼的部位。

(7) 对设计规定的洞口、管道、沟槽和预埋件等,应在砌筑时预留或预埋,严禁在砌好的墙体上打凿。不得预留水平沟槽。

(8) 在墙体中需要留设临时施工洞口,洞口侧边离墙体交接处的墙面不应小于600 mm;洞口顶部应设钢筋混凝土过梁;填砌洞口的砌筑砂浆强度应提高一级。

(9) 每日砌筑高度应根据气温、风压、小砌块强度等级等不同情况分别控制,常温条件下的日砌筑高度应控制在 1.8 m 以内。

(10) 清水墙面应随砌随勾缝,勾缝要求光滑、密实、平整。当缺少辅规格小砌块时,墙体通缝不应超过两皮砌块高。

(11) 拉结钢筋或网片必须按规定放在水平灰缝内,不得漏放,其外露部分不得随意弯折。设置在灰缝内的钢筋,应居中置于灰缝内,水平灰缝厚度应大于钢筋直径 4 mm以上。

(12) 对墙体表面的平整度和垂直度、灰缝厚度和灰缝砂浆饱满度应随时检查,校正偏差。在砌完每一楼层后,应校核墙体的轴线尺寸和标高。允许范围内的轴线及标高的偏差,可在楼板面上予以校正。

(13) 芯柱施工要求。

芯柱混凝土宜选用专用小砌块灌孔混凝土。浇筑芯柱混凝土应符合下列规定:

① 每次连续浇筑的高度宜为半个楼层,但不应大于 1.8 m;

② 浇筑芯柱混凝土时,砌筑砂浆强度应大于 1 MPa;

③ 清除孔内掉落的砂浆等杂物,并用水冲淋孔壁;

④ 浇筑芯柱混凝土前,应先注入适量与芯柱混凝土成分相同的去石砂浆;

⑤ 每浇筑 400~500 mm 高度捣实一次,或边浇筑、边捣实。

在楼(地)面砌筑第一皮小砌块时,在芯柱底部用开口砌块(或 U 形砌块)砌出操作孔,在操作孔侧面宜留连通孔。

浇灌芯柱混凝土前,必须清除芯柱孔洞内的杂物及削掉孔内壁粘挂的砂浆块,用水冲洗干净;校正钢筋位置并绑扎或焊接固定;芯柱钢筋应与基础或基础梁中的预埋钢筋连接,上下楼层的钢筋可在楼板面上搭接,搭接长度不应小于 40d。

芯柱混凝土应采用 C15 细石混凝土,其坍落度不应小于 50 mm。砌完一个楼层高度后,应连续浇灌芯柱混凝土。浇灌前先注入适量水泥砂浆(混凝土中去掉石子),以后每浇灌400~500 mm 高度捣实一次,或边浇灌边捣实,严禁灌满一个楼层后再捣实。捣实宜采用插入式振动器。

芯柱施工中,应设专人检查混凝土灌入量。

二、轻骨料混凝土小型空心砌块砌体砌筑

轻骨料混凝土小型空心砌块(简称轻骨料混凝土小砌块)可用于砌筑墙体,不能用于砌筑基础。承重墙体所用小砌块强度等级不应低于 MU5,砌筑砂浆强度等级不低于 M5。

轻骨料混凝土小砌块墙的构造要求和砌筑要点与混凝土小砌块墙基本相同,但有以下七个方面不同。

(1)灌实孔洞的混凝土应采用 C15 轻骨料混凝土。

(2)在纵横交接处和洞口两侧均应设置钢筋混凝土芯柱。外墙转角处应灌实 7 个孔;内外墙交接处应灌实 5 个孔,其中内墙灌实 2 个孔;门窗洞口两侧各灌实 1~2 个孔。当抗震设防烈度为 8 度时,按此要求设置芯柱,其插筋直径不应小于 16 mm。

(3)在外墙采用轻骨料混凝土双排孔或多排孔小砌块而不能设置钢筋混凝土芯柱时,应按照《建筑抗震设计规范》(GB 50011—2010)(2016 年版)的要求设置钢筋混凝土构造柱。

(4)轻骨料混凝土小砌块砌筑前可洒水,但不宜过多。

(5)上下皮小砌块无法对孔砌筑时,竖向灰缝错开长度不应小于 120 mm。当不能满足此规定时,应在水平灰缝中设置拉结钢筋或网片。

(6)非承重轻骨料混凝土小砌块墙中不得留设脚手眼。

(7)轻骨料混凝土小砌块墙的每日砌筑高度应控制在 2.4 m 以内。

三、蒸压加气混凝土砌块砌体砌筑

1.墙体构造要求

蒸压加气混凝土砌块(简称加气混凝土砌块)可用于砌筑墙体。承重墙所用砌块强度等级不应低于 MU5,砌筑砂浆强度等级不低于 M5。

承重墙的转角处、丁字交接处及十字交接处,应沿墙高每隔 1 m 左右,在水平灰缝中设置拉结钢筋,拉结钢筋为 3φ6 钢筋,山墙部位沿墙高每隔 1 m 左右应附加 φ6 通长钢筋(图1.27)。

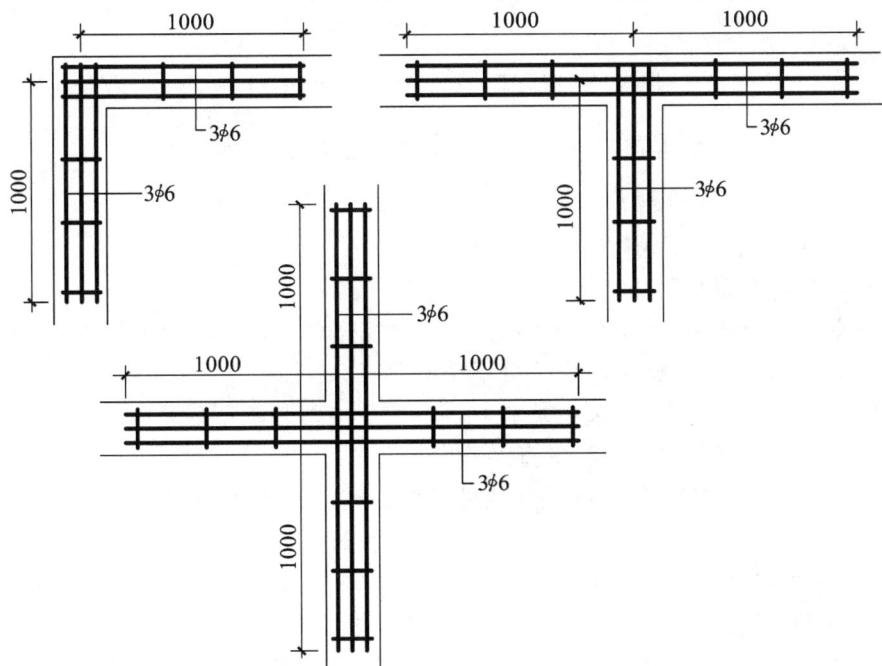

图 1.27 承重墙的拉结钢筋(单位:mm)

非承重的隔墙在其转角处、T字交接处及与柱相接处1 m左右,在水平灰缝中设置2φ6拉结钢筋(图1.28)。在窗洞口下面砌块的水平灰缝内,应设置3φ6加固钢筋,钢筋两头应伸过窗洞口侧边500 mm(图1.29)。设置在灰缝内的钢筋应居中,水平灰缝厚度应大于钢筋直径4 mm以上。

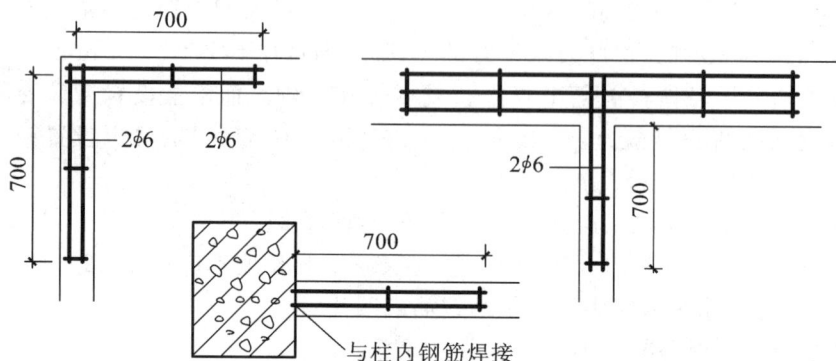

图1.28 非承重隔墙的拉结钢筋(单位:mm)

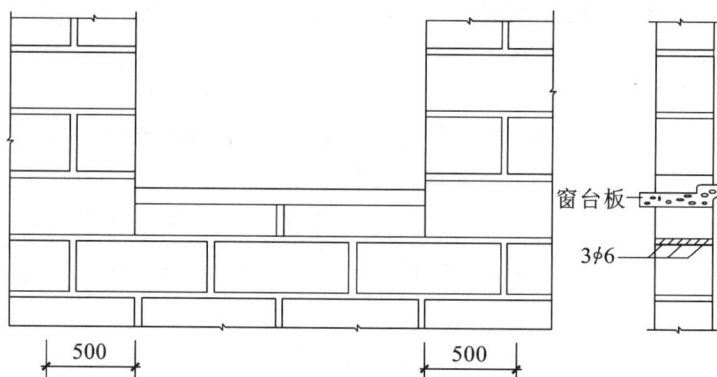

图1.29 窗洞下的加固钢筋(单位:mm)

在门窗洞口上部可配置钢筋砌块过梁或钢筋混凝土过梁(图1.30)。

2.加气混凝土砌块墙砌筑

加气混凝土砌块墙砌筑前,应做好以下准备。

(1)按照墙体立面及砌块规格,绘制各个墙体的砌块排列图。

(2)根据砌块排列图制作相应的皮数杆,皮数杆竖立于承重墙的转角处及交接处,皮数杆间距不应超过15 m。砌室内隔墙可不用皮数杆。

(3)清除砌块上的污物,含水率大于15%的砌块应待其晾干后才能使用。

(4)准备砌筑用铺灰铲、刀锯、平直夹等专用工具。

加气混凝土砌块墙宜从转角处或交接处开始砌筑,内外墙同时砌起。

上下皮砌块应错缝搭接,搭接长度不宜小于砌块长度的1/3,并不小于150 mm;如不能满足,应在水平灰缝中设置2φ6拉结钢筋或φ4钢筋网片,拉结钢筋或网片的长度不应小于700 mm(图1.31)。

墙体灰缝应横平竖直,砂浆饱满。水平灰缝砂浆饱满度不应小于90%。竖向灰缝砂

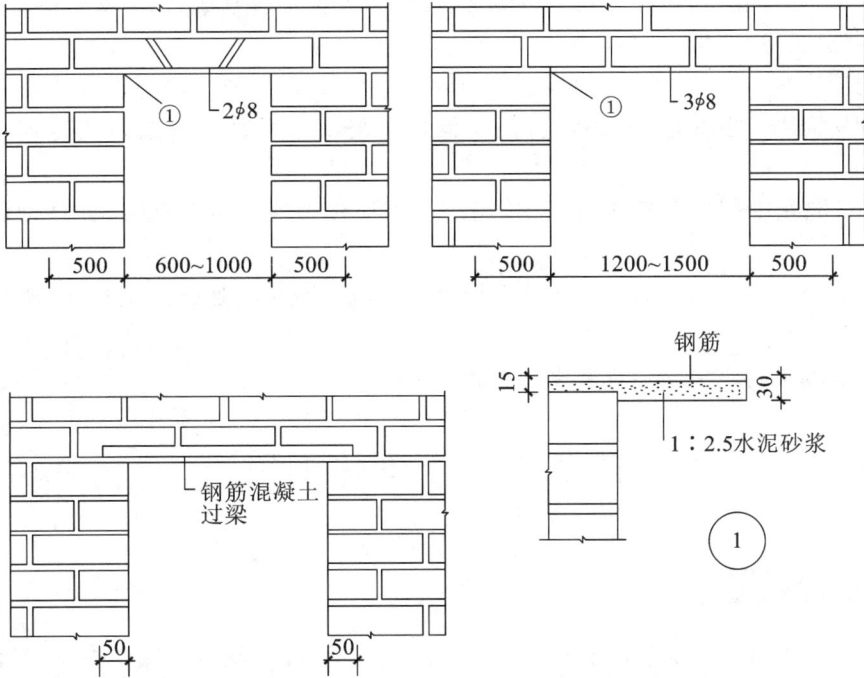

图 1.30 门窗洞口上的过梁(单位:mm)

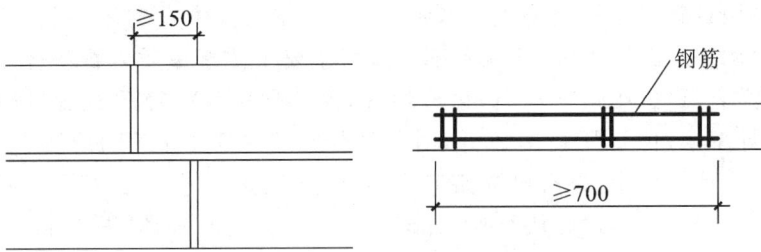

图 1.31 水平灰缝中的拉结钢筋(单位:mm)

浆饱满度不应小于 80%。水平灰缝厚度不得大于 15 mm,竖向灰缝宽度不得大于 20 mm。

墙体的转角处应使纵横墙的砌块隔皮露头,墙体的丁字交接处应使横墙的砌块隔皮露头(图 1.32)。

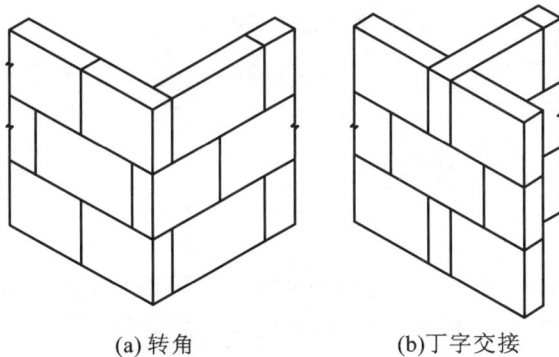

(a) 转角　　　　　　　(b)丁字交接

图 1.32 加气混凝土砌块墙转角及丁字交接处砌法

墙体的临时间断处最好留在洞口侧边,无洞口处留槎应砌成斜槎,不得留直槎。

切割砌块应用专用刀锯,不得用斧或瓦刀任意砍劈。

不同干容重和强度等级的加气混凝土砌块不应混砌。加气混凝土砌块也不得和其他砖或砌块混砌。填充墙底、顶部及门窗洞口处局部采用普通砖或多孔砖砌筑不视为混砌。

用加气混凝土砌块砌筑填充墙时,墙的底部应砌普通砖或多孔砖,其高度不宜小于200 mm。

加气混凝土砌块填充墙砌至接近上层梁、板底时,宜用普通砖斜砌挤紧,砌筑砂浆应饱满。

加气混凝土砌块墙上不宜留设脚手眼。

任务五　石砌体工程

任务目标

了解砌筑石材的种类、常见质量通病及其防治措施;掌握石砌体工程的施工工艺及质量要求。

石砌体是用石材和砂浆或用石材和混凝土砌筑成的整体材料。石材较易就地取材,在产石地区采用石砌体比较经济,应用较为广泛。在工程中石砌体主要用作受压构件,可用于一般民用房屋的承重墙、柱和基础。石材主要来源于重质岩石和轻质岩石。重质岩石(花岗岩类岩石)抗压强度较高,耐久性好,但热导率大。轻质岩石(石灰岩类岩石)容易加工,热导率小,但抗压强度较低,耐久性较差。承重结构用的石材主要为重质岩石。在我国的设计规范中,将石材按加工后外形的规整程度分为料石和毛石。料石又分为细料石、粗料石和毛料石(即块石)。石砌体一般分为料石砌体[图1.33(a)]、毛石砌体[图1.33(b)]。

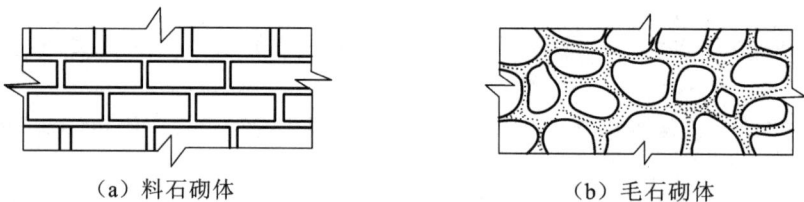

(a) 料石砌体　　　　　(b) 毛石砌体

图 1.33　石砌体

一、施工准备

1. 材料

1) 石料

用作挡土墙砌体的石材强度应达到设计要求,石砌体采用的石材应质地坚实,无风化剥落和裂纹。用于清水墙、柱表面的石材,尚应色泽均匀。

2）砂浆

用作挡土墙砌体的砂浆强度应达到设计要求。

2. 施工现场要求

（1）根据图纸要求，做好测量放线工作，设置水准基点桩和立好皮数杆。有坡度要求的砌体，立好坡度门架。

（2）砌筑前，应清除石块表面的泥垢、水锈等杂质，必要时用水清洗。

（3）基础清扫后，按施工图在基础上弹好轴线、边线、门窗洞口和其他尺寸位置线，并复核标高。

（4）毛石应按需要数量堆放于砌筑部位附近；料石应按规格和数量在砌筑前组织人员集中加工，按不同规格分类堆放、堆码，以备使用。

（5）选择好施工机械，包括垂直运输、水平运输、砌体砌筑和料石安装等小型机械，尽量减轻人工搬运的笨重体力劳动。

（6）砌筑砂浆应根据设计要求和现场实际材料情况，由试验室通过试验确定配合比。

二、工艺流程

设置标志板、皮数杆、放线→垫层清理、湿润→试排、摆底→砌筑→检查、验收。

三、操作要点

（1）毛石砌体的第一皮及转角处、交接处和洞口处，应用较大的平毛石砌筑。每个楼层（包括基础）砌体的最上一皮，宜选用较大的毛石砌筑。

（2）毛石砌体应采用铺浆法砌筑。砂浆必须饱满，叠砌面的粘灰面积（即砂浆饱满度）应大于80%。石砌体的灰缝厚度：毛料石和粗料石砌体不宜大于20 mm；细料石砌体不宜大于5 mm。石块间不得有相互接触现象。块间较大的空隙应先填塞砂浆后用碎石块嵌实，不得采用先摆碎石块后塞砂浆或先填碎石块的方法。

（3）毛石砌体宜分皮卧砌，各皮石块间应利用毛石自然形状经敲打修整后使之能与先砌毛石基本吻合、搭砌紧密；毛石应上下错缝，内外搭砌，不得采用外面侧立毛石中间填心的砌筑方法；中间不得有铲口石（尖石倾斜向外的石块）、斧刃石（尖石向下的石块）和过桥石（仅在两端搭砌的石块），如图1.34所示。

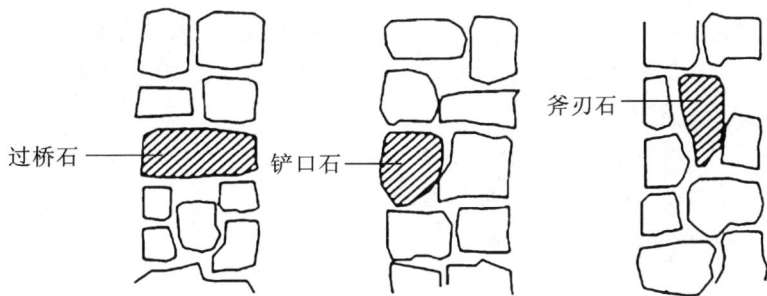

图1.34 过桥石、铲口石、斧刃石

四、毛石基础

（1）砌筑前，应检查基槽（坑）的土质、轴线、尺寸和标高，清除杂物，打好夯底。地基过湿时，应铺 10 cm 厚的砂子、矿渣或砂砾石填平夯实。

（2）根据设置的龙门板或中心桩放出基础轴线及边线，抄平，在两端立好皮数杆，划出分层砌石高度（不宜小于 30 cm），标出台阶收分尺寸。

（3）砌筑时应双面挂线，分层砌筑，每层高度为 30～40 cm，大体砌平。基础最下一皮毛石，应选用较大的石块，使大面朝下，放置平稳，并灌浆。以上各层均应铺灰坐浆砌筑，不得用先铺石后灌浆的方法。转角及阴阳角外漏部分，应选用方正平整的毛石（俗称角石）互相拉结砌筑。

（4）砌筑毛石基础的第一皮石块应坐浆，并将大面向下；砌筑料石基础的第一皮石块应用丁砌层坐浆砌筑。

（5）毛石基础截面形状有矩形、阶梯形、梯形等。基础上部宽一般应比墙厚大 20 cm以上。毛石的形状不规整，不易砌平，为保证毛石基础的整体刚度和传力均匀，每一台阶应不少于 2～3 皮毛石，每阶排出宽度应不小于 20 cm，每阶高度不小于 40 cm。

（6）毛石基础的扩大部分，如做成阶梯形，上级阶梯的石块应至少压砌下级阶梯石块的 1/2，相邻阶梯的毛石应相互错缝搭砌。

（7）石基础必须设置拉结石，拉结石应均匀分布。毛石基础同皮内每隔 2 m 左右设置 1 块。拉结石长度：如基础宽度小于或等于 400 mm，应与基础宽度相等；如基础宽度大于 400 mm，可用 2 块拉结石内外搭接，搭接长度不应小于 150 mm，且其中一块拉结石长度不应小于基础宽度的 2/3。

（8）每砌完一层，必须校对中心线，找平 1 次，检查确无偏斜现象。基础上表面配平宜用片石，因其咬劲大。基础侧面要保持大体平整、垂直，不得有倾斜、内陷和外鼓现象。砌好后外侧石缝应用砂浆勾严。

（9）墙基需留槎时，不得留在外墙转角或纵墙与横墙的交接处，至少应离开 1.0 m的距离。接槎应做成阶梯式，不得留直槎或斜槎。基础中的预留孔洞，要按图纸要求预先留出，不得砌完后凿洞。沉降缝应分成两段砌筑，不得搭接。

（10）在砌筑过程中，如需调整石块，应将毛石提起，刮去原有砂浆重新砌筑。严禁用敲击方法调整，以防松动周围砌体。当基础砌至顶面一层时，上皮石块伸入墙内长度应不小于墙厚的 1/2，亦即上一皮石块排出或露出部分的长度，不应大于该石块的 1/2 长度或宽度，以免因连接不好而影响砌体强度。砂浆初凝后，如移动已砌筑的石块，应将原砂浆清理干净，重新铺浆砌筑。

（11）每砌完应在当天砌的砌体上，铺一层灰浆，表面应粗糙。夏季施工时，对刚砌完的砌体，应用草袋覆盖养护 5～7 d，避免风吹、日晒、雨淋。毛石基础全部砌完，要及时在基础两边均匀分层回填土，分层夯实。

五、石墙砌筑

石墙是采用大小和形状不规则的乱毛石或形状规则的料石进行砌筑而成的，一般用于建造 2 层以下的居住房屋及围护墙、挡土墙等石墙工程。

（1）砌筑毛石墙应根据基础的中心线放出墙身里外边线，挂线分皮卧砌，每皮高300~400 mm。砌筑方法采用铺浆法。较大的平毛石，先砌转角处、交接处和门洞处，再向中间砌筑。砌前应先试摆，使石料大小搭配，大面平放朝下，外露表面要平齐，斜口朝内，逐块卧砌坐浆，使砂浆饱满。石块间较大的空隙应先填塞砂浆，后用碎石嵌实。严禁先填塞小石块后灌浆的做法，灰缝宽度一般控制在20~30 mm，铺灰厚度在40~50 mm。

（2）砌筑时，石块上下皮应互相错缝，内外交错搭砌，避免出现重缝、干缝、空缝和空洞，同时应注意合理摆放石块，不应出现如图1.35所示类型砌石，以免砌体承重后发生错位、劈裂、外鼓等现象。

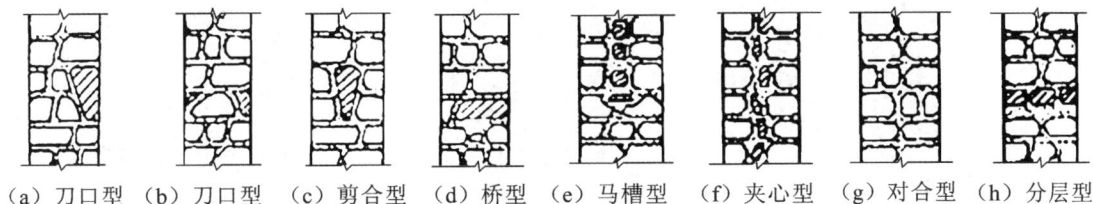

（a）刀口型　（b）刀口型　（c）剪合型　（d）桥型　（e）马槽型　（f）夹心型　（g）对合型　（h）分层型

图1.35　不正确的砌石类型

（3）砌筑时毛石的形状和大小不一，难以每皮砌平，亦可采取不分皮砌法，每隔一定高度大体砌平。

（4）为增强墙身的横向力，毛石墙每0.7 m² 墙面至少应设置1块拉结石，并应均匀分布，相互错开，在同皮内的中距不应大于2 m。拉结石长度，如墙厚小于或等于40 cm，应等于墙厚；墙厚大于40 cm，可用2块拉结石内外搭接，搭接长度不应小于15 cm，且其中一块长度不应小于墙厚的2/3。

（5）在转角及两端交接处应用较大和较规整的垛石相互搭砌，并同时砌筑，必要时设置钢筋拉结条。如不能同时砌筑，应留阶梯形斜搓，其高度不应超过1.2 m，不得留锯齿形直搓。

（6）毛石墙每日砌筑高度不应超过1.2 m，正常气温下，停歇4 h后可继续垒砌。每砌3~4 层应大致找平1次，中途停工时，石块缝隙内应填满砂浆，但该层上表面须待继续砌筑时再铺砂浆。砌至楼层高度时，应使用平整的大石块压顶并用水泥砂浆全面找平。

（7）墙中门窗洞可砌砖平拱或放置钢筋混凝土过梁，并应与窗框间预留10 mm下沉高度。在毛石与砖的组合墙中，两者应同时砌筑，并每隔4~6皮砖用顶砖层与毛石砌体搭接砌，搭接长度不少于120 mm，搭接处要平稳，两种砌体间的缝隙随砌随用砂浆填满（图1.36）。毛石墙和砖墙相接的转角处和交接处应同时砌筑，转角处、交接处应自纵墙（或横墙）每隔4~6皮砖高度引出不小于120 mm与横墙（或纵墙）相接（图1.37）。

（8）毛石墙的转角处和交接处应同时砌筑。对不能同时砌筑而又必须留置的临时间断处，应砌成踏步。

（9）砌筑毛石挡土墙应符合下列要求：

① 每砌3皮~4皮为一个分层高度，每个分层高度应将顶层石块砌平；两个分层高度间分层处的错缝不得小于80 mm。

② 外露面的灰缝厚度不得大于40 mm，两个分层高度间分层处的错缝不得小于80 mm。

③ 料石挡土墙，当中间部分用毛石砌时，丁砌料石伸入毛石部分的长度不应小于200 mm。

④ 挡土墙的泄水孔当设计无规定时,施工应符合下列规定。

a. 泄水孔应均匀设置,在每米高度上间隔 2 m 左右设置一个泄水孔。

b. 泄水孔与土体间铺设长宽各为 300 mm、厚 200 mm 的卵石或碎石作疏水层。

⑤ 挡土墙内侧回填土必须分层夯填,分层松土厚度宜为 300 mm。墙顶土面应有适当坡度使水流流向挡土墙外侧面。

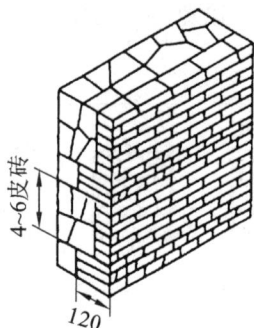

图 1.36 毛石和砖组合墙

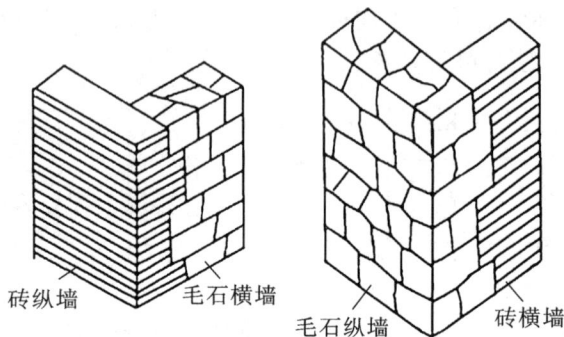

图 1.37 毛石墙和砖墙相接的转角处

任务六 砌体构造柱

任务目标

了解砌体构造柱的材料及构造要求;掌握砌体构造柱的施工工艺、质量要求,常见质量通病及防治措施。

在砌体房屋墙体的规定部位按构造配筋,并按先砌墙后浇灌的施工顺序制成的混凝土柱,通常称为混凝土构造柱,简称构造柱。

一、构造柱设置

墙体构造柱的位置应按设计确定,如设计无要求,一般设置在如下位置:

(1) 上人屋面的女儿墙;

(2) 较大洞口(≥3.0 m)的两侧;

(3) 纵横墙交界处。

构造柱的间距,一般不宜大于 5 m。

二、马牙槎要求

(1) 构造柱与墙体连接处应砌成马牙槎,马牙槎应先退后进,标准砖马牙槎尺寸为 60 mm,多孔砖、加气砖为 90 mm(图 1.38)。

(2) 每一组马牙槎高度不应超过 300 mm。

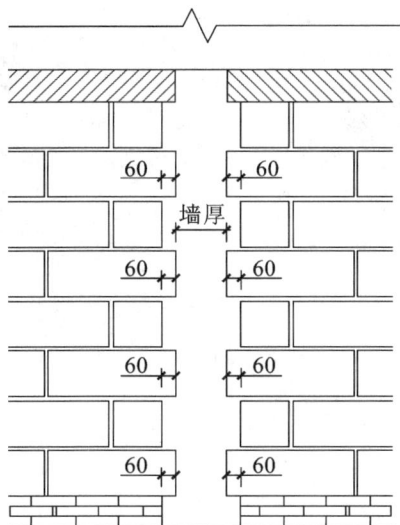

图 1.38 马牙槎设置(单位:mm)

(3) 不得削弱构造柱截面尺寸。

(4) 砌筑构造柱马牙槎时应注意埋设拉结钢筋。

(5) 砖砌体马牙槎砌筑前应完成构造柱的钢筋绑扎。

三、构造柱钢筋要求

(1) 构造柱钢筋上下端应在楼板混凝土浇筑前进行预埋,并应确保位置准确,上下层预埋钢筋对齐,如漏埋需补设的,应按植筋要求补植钢筋。箍筋加密范围应按设计要求,每根构造柱竖向主筋应实测实量梁底高度后对应下料,避免出现构造柱筋不到梁底或超过梁底的情况。

(2) 预留拉结钢筋的规格、尺寸、数量及位置应正确,拉结钢筋应沿墙高每隔500 mm设 2ϕ6,伸入墙内不宜小于 600 mm,钢筋的竖向移位不应超过 100 mm,且竖向移位每一构造柱不得超过 2 处。

(3) 施工中不得任意弯折拉结钢筋。

(4) 设置在灰缝内的钢筋,应居中置于灰缝内,水平灰缝厚度应大于钢筋直径 4 mm以上。

四、构造柱模板安装及混凝土浇筑

为确保构造柱的混凝土浇筑质量,构造柱模板应采用螺杆拉结固定。构造柱梁底处模板安装如图 1.39 所示。

为减少漏浆,建议在构造柱沿砖墙边贴泡沫条。

振捣时宜采用小型振动棒,并边振捣边敲打模板,确保混凝土填充密实。

图 1.39　模板安装及混凝土浇筑

任务七　冬期施工要求

任务目标

了解砌体工程冬期施工对环境的要求及施工措施。

一、冬期施工规定

当室外日平均气温连续 5 d 稳定低于 5 ℃时,砌体工程应采取冬期施工措施。

注:① 气温根据当地气象资料确定;

② 冬期施工期限以外,当日最低气温低于 0 ℃时,也应按本任务相关规定执行。

二、冬期施工要求

(1) 冬期施工的砌体工程质量验收除应符合本任务相关要求外,尚应符合现行行业标准《建筑工程冬期施工规程》(JGJ/T 104—2011)的有关规定。

(2) 砌体工程冬期施工应有完整的冬期施工方案。

(3) 冬期施工所用材料应符合下列规定:

① 石灰膏、电石膏等应防止受冻,如遭冻结,应经融化后使用;

② 拌制砂浆用砂,不得含有冰块和大于 10 mm 的冻结块;

③ 砌体用块体不得遭水浸冻。

(4) 冬期施工砂浆试块的留置,除应按常温规定要求外,尚应增加 1 组与砌体同条件养护的试块,用于检验转入常温 28 d 的强度。如有特殊需要,可另外增加相应龄期的同条件养护的试块。

(5) 地基土有冻胀性时,应在未冻的地基上砌筑,并应防止在施工期间和回填土前地基受冻。

(6) 冬期施工中砖、小砌块浇(喷)水湿润应符合下列规定:

① 烧结普通砖、烧结多孔砖、蒸压灰砂砖、蒸压粉煤灰砖、烧结空心砖、吸水率较大的

轻骨料混凝土小型空心砌块在气温高于 0 ℃条件下砌筑时,应浇水湿润;在气温低于、等于 0 ℃条件下砌筑时,可不浇水,但必须增大砂浆稠度;

②普通混凝土小型空心砌块、混凝土多孔砖、混凝土实心砖及采用薄灰砌筑法的蒸压加气混凝土砌块施工时,不应对其浇(喷)水湿润;

③抗震设防烈度为 9 度的建筑物,当烧结普通砖、烧结多孔砖、蒸压粉煤灰砖、烧结空心砖无法浇水湿润时,如无特殊措施,不得砌筑。

(7)拌和砂浆时水的温度不得超过 80 ℃,砂的温度不得超过 40 ℃。

(8)采用砂浆掺外加剂法、暖棚法施工时,砂浆使用温度不应低于 5 ℃。

(9)采用暖棚法施工,块体在砌筑时的温度不应低于 5 ℃,距离所砌的结构底面 0.5 m 处的棚内温度也不应低于 5 ℃。

(10)在暖棚内的砌体养护时间,应根据暖棚内温度,按表 1-3 确定。

表 1-3　暖棚法砌体的养护时间

暖棚的温度/℃	5	10	15	20
养护时间/d	≥6	≥5	≥4	≥3

(11)采用外加剂法配制的砌筑砂浆,当设计无要求,且最低气温等于或低于 -15 ℃时,砂浆强度等级应较常温施工提高一级。

(12)配筋砌体不得采用掺氯盐的砂浆施工。

项目二　结构安装工程

任务一　安装索具与机械设备

了解结构安装常用的索具设备的种类及用途。

结构安装常用的索具设备有卷扬机、钢丝绳、白棕绳、滑轮、吊钩、吊索、横吊梁等。常用的起重机械有桅杆式起重机、履带式起重机、汽车式起重机、轮胎式起重机、塔式起重机等。

一、安装索具

（一）白棕绳和合成纤维绳

白棕绳由剑麻茎纤维搓成线，线搓成股，再将股拧成绳，具有滤水、耐磨和弹性好的特点，可承受一定的冲击载荷(图 2.1)。白棕绳一般用于起吊轻型构件(如钢支撑)和作为受力不大的缆风绳、溜绳等。白棕绳分为三股、四股和九股三种。

合成纤维绳是由聚酰胺、聚酯、聚丙烯为原料制成的绳带，因具有比白棕绳更高的强度和吸收冲击能量的特性，被广泛地应用于起重作业中(图 2.2)。

白棕绳及合成纤维绳的安全使用除满足通用安全规定外，还应符合下述要求：

(1)使用前必须逐段仔细检查，避免带隐患作业；

(2)不允许和有腐蚀性的化学物品(如碱酸等)接触；

(3)使用中不应有扭转打结现象，如有应放劲抖直；

(4)应放在干燥木板通风良好处储存保管(白棕绳)；

(5)合成纤维绳应避免在紫外线辐射条件下及热源附近存放。

图 2.1　白棕绳

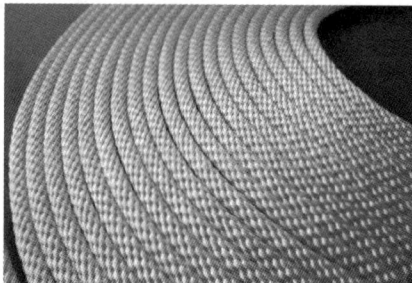

图 2.2　合成纤维绳

(二) 钢丝绳

钢丝绳是吊装中的主要绳索,它具有强度高、弹性大、韧性好、耐磨、能承受冲击载荷等优点,且磨损后外部产生许多毛刺,容易检查,便于预防事故。

1. 钢丝绳的构造

结构吊装中常用的钢丝绳是由六束绳股和一根绳芯(一般为麻芯)捻成的(图2.3)。其中绳股由许多高强钢丝捻成(图2.4)。钢丝绳按其捻制方法分为右交互捻、左交互捻、右同向捻、左同向捻四种(图2.5)。同向捻钢丝绳中钢丝捻的方向和绳股捻的方向一致;交互捻钢丝绳中钢丝捻的方向和绳股捻的方向相反。

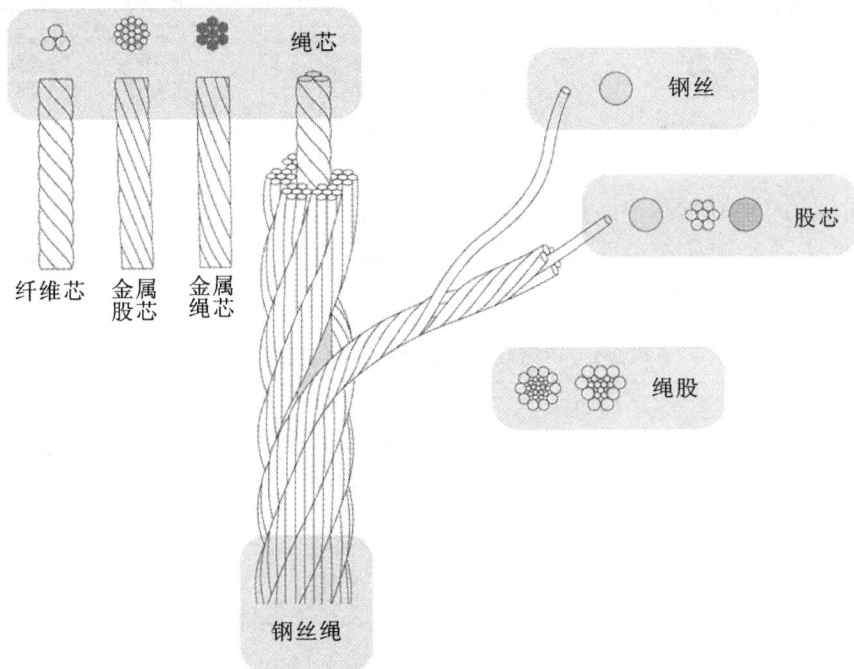

图 2.3　钢丝绳的构造

同向捻钢丝绳比较柔软、表面较平整,它与滑轮或卷筒凹槽的接触面较大,磨损较轻,但容易松散和产生扭结卷曲,吊重物时容易旋转,故吊装中一般不用;交互捻钢丝绳较硬,强度较高,吊重物时不易扭结和旋转,在吊装中应用广泛。

2. 钢丝绳的种类

钢丝绳按绳股数及每股中的钢丝数区分,有6股7丝、7股7丝、6股19丝、6股37丝及6股61丝等种类。吊装中常用的有6股19丝、6股37丝两种。6股19丝钢丝绳可用作缆风绳和吊索;6股37丝钢丝绳用于穿滑车组和用作吊索。

(三) 合成纤维吊装带

合成纤维吊装带是以高强度聚酯或聚丙烯等工业强力长丝为原料,经工业织机织成的。同传统的钢丝绳及链条吊具相比,合成纤维吊装带具有如下优点:保护被吊物品,使其表面不被损坏;高强度,轻便,便于携带;柔软,便于操作;不腐蚀,不导电。

图 2.4 普通钢丝绳截面

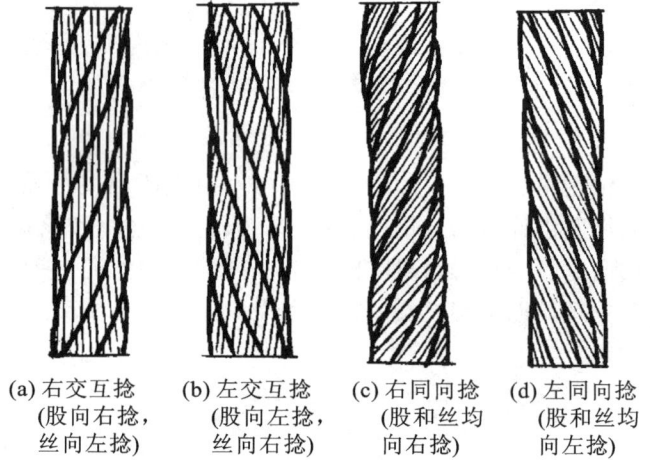

(a) 右交互捻
(股向右捻,
丝向左捻)

(b) 左交互捻
(股向左捻,
丝向右捻)

(c) 右同向捻
(股和丝均
向右捻)

(d) 左同向捻
(股和丝均
向左捻)

图 2.5 钢丝绳捻制方法

为防止极限工作荷载标记磨损不清发生错用,吊装带本身以颜色区分:紫色为 1000 kg;绿色为 2000 kg;黄色为 3000 kg;灰色为 4000 kg;红色为 5000 kg;棕色为 6000 kg;蓝色为 8000 kg;橙色为 10 t 以上。具体见表 2-1。

表 2-1 不同颜色吊装带的极限工作荷载

额定荷载	颜色	额定荷载	颜色
1000 kg	紫色	2000 kg	绿色
3000 kg	黄色	4000 kg	灰色
5000 kg	红色	6000 kg	棕色
8000 kg	蓝色	≥10 t	橙色

二、吊装工具

1. 吊钩

吊钩常用优质碳素钢锻造,锻成后要进行退火处理,要求硬度达到 95～135 HB(图 2.6)。吊钩表面应光滑,不得有剥裂、刻痕、锐角、裂缝等缺陷存在,并禁止对磨损或有裂缝的吊钩进行补焊修理。

吊钩在钩挂吊索时要将吊索挂至钩底;直接钩在构件吊环中时,不能将吊钩硬别或歪扭,以免吊钩产生变形或使吊索脱钩。

2. 卡环(卸甲、卸扣)

卡环用于吊索和吊索或吊索和构件吊环之间的连接,由弯环与销子两部分组成(图 2.7)。

3. 吊索(千斤)

吊索有环状吊索(又称万能吊索或闭式吊索)和 8 股头吊索(又称轻便吊索或开式吊索)两种(图 2.8)。

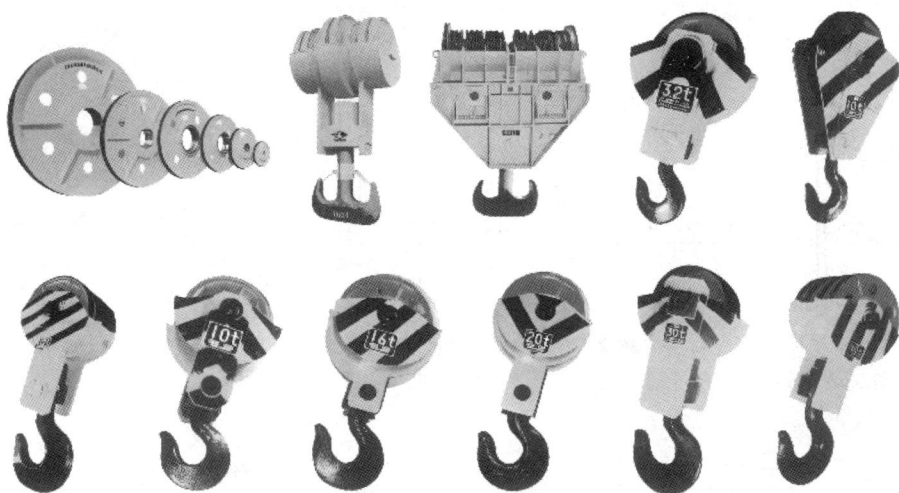

图 2.6　吊钩

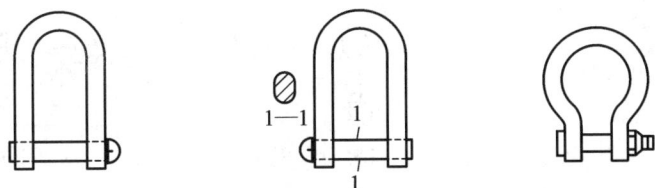

(a) 螺栓式卡环(D形)　　(b) 椭圆销活络卡环(D形)　　(c) 弓形卡环

图 2.7　卡环

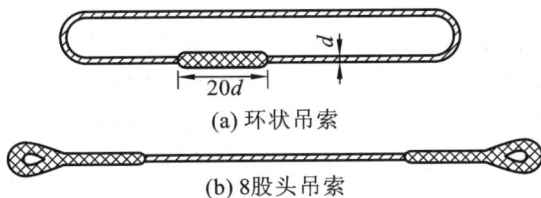

(a) 环状吊索

(b) 8股头吊索

图 2.8　吊索

吊索是用钢丝绳做成的,因此,钢丝绳的允许拉力即为吊索的允许拉力。在工作中,吊索拉力不应超过其允许拉力。吊索拉力取决于所吊构件的重量及吊索的水平夹角,水平夹角应不小于 $30°$,一般为 $45°\sim60°$。

4. 横吊梁(铁扁担)

横吊梁常用于柱和屋架等构件的吊装。用横吊梁吊柱容易使柱身保持垂直,便于安装;用横吊梁吊屋架可以降低起吊高度,减少吊索的水平分力对屋架的压力。常用的横吊梁有滑轮横吊梁(图 2.9)、钢板横吊梁(图 2.10)、钢管横吊梁(图 2.11)等。

三、滑车组

滑车组是由一定数量的定滑车、动滑车及绕过它们的绳索组成的(图 2.12)。

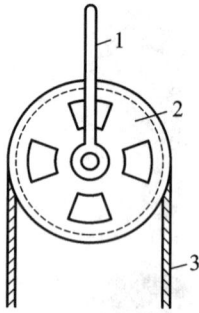

图 2.9 滑轮横吊梁

1—吊环;2—滑轮;3—吊索

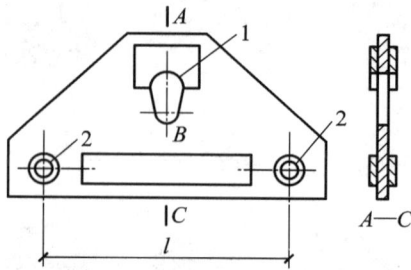

图 2.10 钢板横吊梁

1—挂吊钩孔;2—挂卡环孔

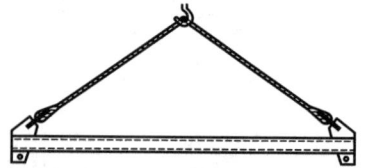

图 2.11 钢管横吊梁

(a) 跑头自动滑车引出   (b) 跑头自定滑车引出   (c) 双联滑车组

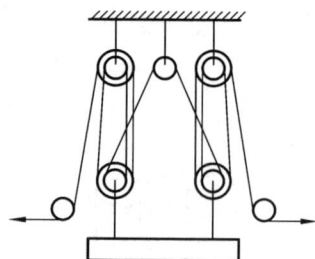

图 2.12 滑车组

四、卷扬机

卷扬机有手动卷扬机和电动卷扬机之分。手动卷扬机在结构吊装中已很少使用。卷扬机必须用地锚予以固定,以防工作时产生滑动或倾覆。根据受力大小,卷扬机的固定方法分为螺栓锚固法、水平锚固法、立桩锚固法和压重锚固法四种(图 2.13)。

五、地锚

地锚用于固定缆风绳、导向滑车、绞磨、卷扬机、溜绳等,将力传递给地基。地锚按设置形式,分为桩式地锚和水平地锚两种。桩式地锚适用于固定受力不大的缆风绳,结构吊装中很少使用。水平地锚是将几根圆木(方木或型钢)用钢丝绳捆绑在一起,横放在地锚坑底,钢丝绳的一端从坑前端的槽中引出,绳与地面的夹角应等于缆风地锚与地面的夹角,然后用土石回填夯实(图 2.14)。受力很大的地锚(如重型桅杆式起重机和缆索起重机的缆风地锚)应用钢筋混凝土制作,其尺寸、混凝土强度等级及配筋情况须经专门设计确定。

六、起重机械

常用的结构安装机械有履带式起重机、汽车式起重机、轮胎式起重机和塔式起重机。

1. 履带式起重机

履带式起重机由动力装置、传动机构、行走机构、工作机构以及平衡重等组成,如图

(a) 螺栓锚固法　　　　　　　　　　(b) 水平锚固法

(c) 立桩锚固法　　　　　　　　　　(d) 压重锚固法

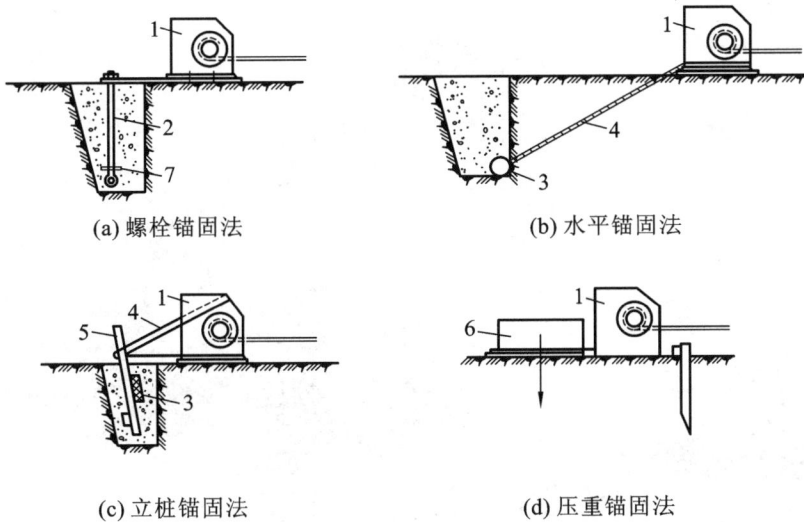

图 2.13　卷扬机的固定方法

1—卷扬机;2—地脚螺栓;3—横木;4—拉索;5—木桩;6—压重;7—压板

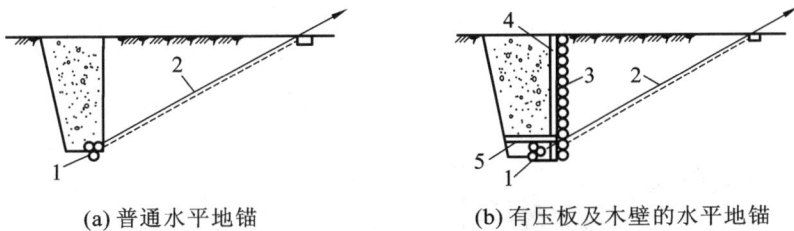

(a) 普通水平地锚　　　　　　　(b) 有压板及木壁的水平地锚

图 2.14　水平地锚

1—横木;2—拉索;3—木壁;4—立柱;5—压板

2.15 所示。

履带式起重机的优点在于它是一种 360°全回转的起重机,操作灵活,行走方便,能负载行驶。缺点是稳定性较差,行走时对路面破坏较大,行走速度慢,在城市中行驶和长距离转移时,需用拖车运输。

2. 汽车式起重机

汽车式起重机是将起重机构安装在普通载重汽车或专用汽车底盘上的一种自行式回转起重机(图 2.16),具有行驶速度快,能迅速转移,对路面破坏性很小的优点。缺点是吊重物时必须支腿,因而不能负荷行驶。

3. 轮胎式起重机

轮胎式起重机是一种装在专用轮胎式行走底盘上的起重机,其横向尺寸较大,故横向稳定性好,能全回转作业,并能在允许载荷下负荷行驶(图 2.17)。轮胎式起重机与汽车式起重机有很多相同之处,不同之处在于轮胎式起重机行驶速度慢,不宜作长距离行驶,适用于作业地点相对固定而作业量较大的场合,吊装时一般用四个支腿支撑以保证机身的稳定性。

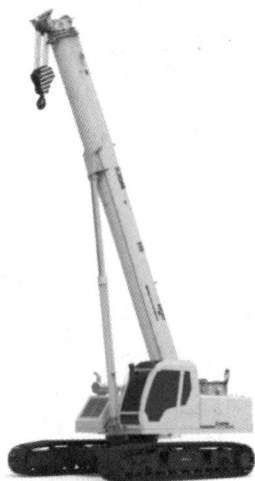

图 2.15　履带式起重机

图 2.16　汽车式起重机

4. 塔式起重机

塔式起重机的起重臂安装在塔身上部,具有较大的起重高度和工作幅度,工作速度快,生产效率高,广泛用于多层和高层的工业与民用建筑施工(图 2.18)。

图 2.17　轮胎式起重机

图 2.18　塔式起重机

任务二　单层工业厂房结构安装

任务目标

熟悉钢筋混凝土结构单层工业厂房安装和钢结构单层工业厂房安装的工艺方法。

一、钢筋混凝土结构单层工业厂房安装

钢筋混凝土结构单层工业厂房结构构件类型少,数量多,除基础在施工现场现浇外,

其他构件均为预制件(图 2.19)。其中主要的构件有柱、吊车梁、屋架、天窗架、屋面板、连系梁、地基梁、各种支撑等。尺寸大、质量大的大型构件一般在施工现场预制;中小型构件一般在构件厂集中制作后再运往施工现场安装。

图 2.19　单层工业厂房排架结构主体实体

(一) 各阶段的工作内容

1. 施工准备阶段

在安装前应进行结构安装工程的施工组织设计。其内容包括:计算钢筋混凝土结构构件数量;选择起重机械;确定构件吊装方法;确定吊装流水程序;编制进度计划;确定劳动组织;布置构件的平面位置;确定质量保证措施、安全保证措施等。

2. 基础施工阶段

基础工程包括挖土、浇筑混凝土垫层、钢筋混凝土基础及回填土等分项工程。

3. 构件制作阶段

构件现场制作包括屋架、柱子、天窗架、托梁、钢吊车梁、屋面板等的预制。基础回填土完成后,屋架、混凝土托梁和柱同时开始预制,天窗架预制在屋架、混凝土托梁和柱完成后进行。

(二) 施工方法和工艺流程

结构安装的施工顺序为安装柱子、连系梁、吊车梁、屋架、天窗架、屋面板等。每个构件的安装工艺顺序为绑扎、起吊、就位、临时固定、校正、最终固定。

1. 柱子吊装

1) 准备工作

(1) 现场预制的钢筋混凝土柱,应用起重机将柱身翻转 90°,使小面朝上,并移到吊装的位置堆放。现场预制位置应尽量在基础杯口附近,便于吊装时吊车能直接吊起插入杯口而不必走车。

(2) 检查厂房的轴线和跨距。

(3) 在柱身上弹出中线,可弹三面,包括两个小面和一个大面。

（4）基础弹线。在基础杯口的上面、内壁及底面弹出房屋设计轴线（杯底弹线在抹找平层后进行），并在杯口内壁弹出供抹杯底找平层使用的标高线。

（5）抹杯底找平层。根据柱子牛腿面到柱脚的实际长度和第（4）条所述的标高线，用水泥砂浆或细石混凝土粉抹杯底，调整其标高，使柱安装后各牛腿面的标高基本一致。

（6）在杯口侧壁及柱脚安装后，将埋入杯口部分的表面凿毛，并清除杯底垃圾。

（7）准备吊装索具及测量仪器。

2）绑扎

柱的绑扎位置和绑扎点数，应根据柱的形状、断面、长度、配筋部位和起重机性能等

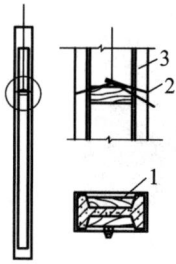

图 2.20　工字形柱绑扎点加固
1—方木；2—吊索；3—工字形柱

情况确定。质量在 13 t 以下的中、小型柱，大多绑扎 1 点；重型或配筋少而细长的柱，则需绑扎 2 点，甚至 3 点。有牛腿的柱，1 点绑扎的位置常选在牛腿以下，如上部柱较长，也可绑在牛腿以上。工字形断面柱的绑扎点应选在矩形断面处，否则，应在绑扎位置用方木加固翼缘（图 2.20）。双肢柱的绑扎点应选在平腹杆处。图 2.21 所示是垂直吊法绑扎示例。吊索从柱的两侧引出，上端通过卡环或滑车挂在横吊梁上。对于断面较大的柱，可用长短吊索各一根绑扎。一般情况下都需将柱翻身。图 2.22 所示是斜吊法绑扎示例。吊索从柱的上面引出，不用横吊梁，柱不必翻身（只有不翻身起吊不会产生裂缝时才可用斜吊法）。图 2.23 所示是双机或三机抬吊（垂直吊法）的绑扎示例。图 2.24 是双机抬吊（斜吊法）的绑扎示例。

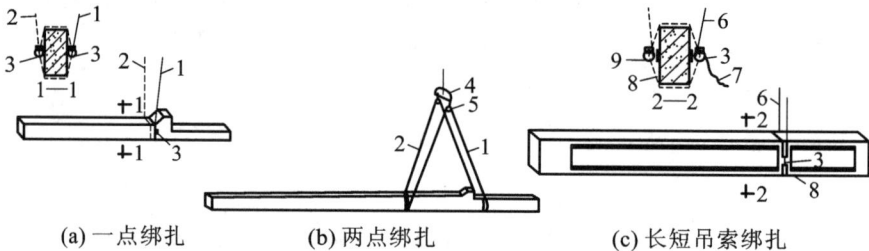

（a）一点绑扎　　　　（b）两点绑扎　　　　（c）长短吊索绑扎

图 2.21　垂直吊法绑扎示例
1—第一支吊索；2—第二支吊索；3—活络卡环；4—横吊梁；
5—滑车；6—长吊索；7—白棕绳；8—短吊索；9—普通卡环

3）起吊

（1）单机吊装。

单机吊装有旋转法和滑行法两种。

① 旋转法。

旋转法是指起重机边起钩边回转，使柱子绕柱脚旋转而吊起柱子（图 2.25）。吊柱时应使柱的绑扎点、柱脚中心和基础杯口中心三点共圆弧，该圆弧的圆心为起重机的停点，半径为停点至绑扎点的距离。

② 滑行法。

使用滑行法起吊柱过程中，起重机只起吊钩，使柱脚滑行而吊起柱子（图 2.26）。吊柱时应将起吊绑扎点（两点以上绑扎时为绑扎中点）布置在杯口附近，并使绑扎点和基础

杯口中心两点共圆弧,将柱吊离地面后稍转动吊杆即可就位。为减少柱脚与地面的摩阻力,需在柱脚下设置托板、滚筒,并铺设滑行道。

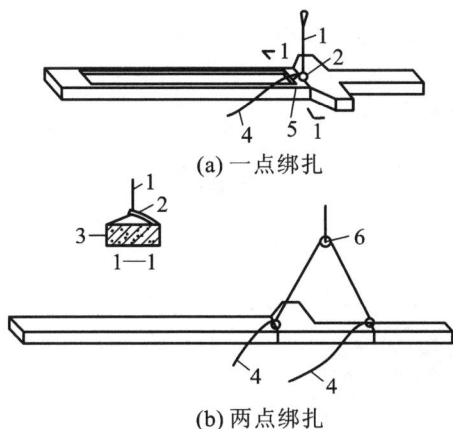

(a) 一点绑扎

(b) 两点绑扎

图 2.22　斜吊法绑扎示例
1—吊索;2—活络卡环;3—柱;
4—白棕绳;5—铅丝;6—滑车

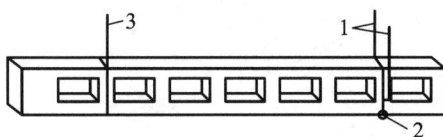

图 2.23　双机或三机抬吊(垂直吊法)绑扎示例
1—主机长吊索;2—主机短吊索;3—副机吊索

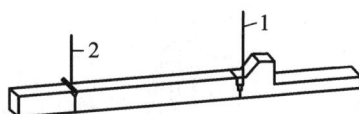

图 2.24　双机抬吊(斜吊法)绑扎示例
1—主机吊索;2—副机吊索

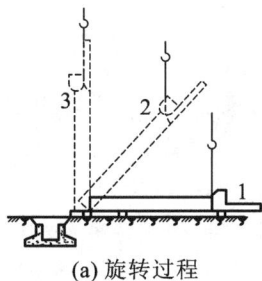

(a) 旋转过程

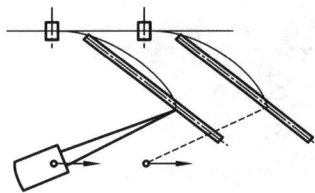

(b) 平面布置

图 2.25　用旋转法吊柱
1—柱平放时;2—起吊中途;3—直立

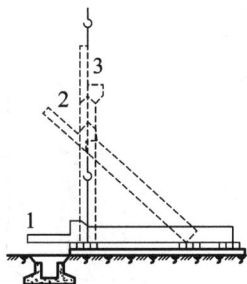

(a) 滑行过程

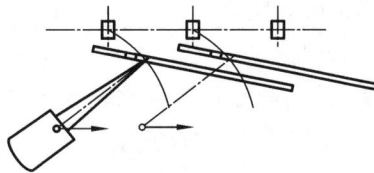

(b) 平面布置

图 2.26　用滑行法吊柱
1—柱平放时;2—起吊中途;3—直立

（2）双机抬吊。

双机抬吊有滑行法和递送法两种。

① 滑行法。

使用滑行法时,柱应斜向布置,并使起吊绑扎点尽量靠近基础杯口(图 2.27)。吊装步骤:a.柱翻身就位;b.在柱脚下设置托板、滚筒,并铺好滑行道;c.两机相对而立,同时起钩,直至柱被垂直吊离地面时为止;d.两机同时落钩,使柱插入基础杯口。

② 递送法。

使用递送法时,柱应斜向布置,主机起吊绑扎点尽量靠近基础杯口(图2.28)。

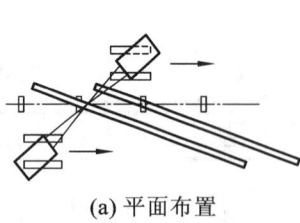

(a) 平面布置

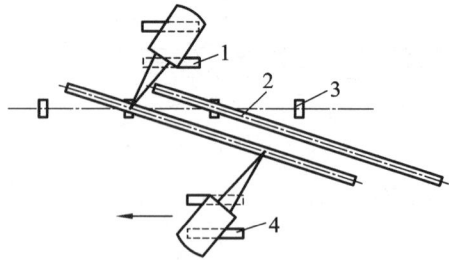

(a) 平面布置

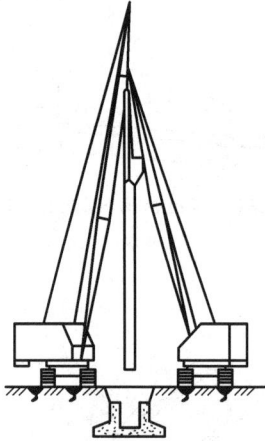

(b) 将柱吊离地面

图2.27 双机抬吊滑行法

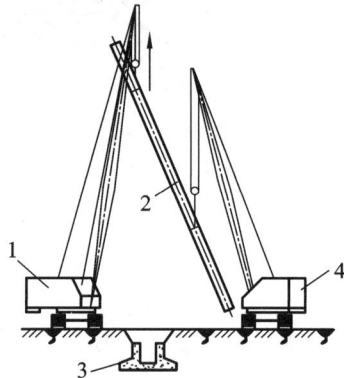

(b) 递送过程

图2.28 双机抬吊递送法
1—主机;2—柱;3—基础;4—副机

4) 就位和临时固定

(1) 起重机落钩将柱子放到杯底后应进行对线工作;采用无缆风绳校正时,应使柱身中线对准杯底中线,并在对准线后用坚硬石块将柱脚卡死。

(2) 一般柱子就位后,在基础杯口用8个硬木楔或钢楔(每面两个)做临时固定,楔子应逐步打紧,防止使对好线的柱脚走动;细长柱子的临时固定应增设缆风绳。

(3) 起吊重柱,当起重机吊杆仰角大于75°时,在卸钩时应先落吊杆,防止吊钩拉斜柱子和吊杆后仰。

5) 校正

(1) 平面位置校正。

平面位置校正有以下两种方法。

① 钢钎校正法:将钢钎插入基础杯口下部,两边垫以旗形钢板,然后敲打钢钎移动柱脚。

② 反推法:假定柱偏左,需让柱向右移,先在左边杯口与柱间空隙中部放一大锤,如柱脚卡了石子,应将右边的石子拨走或打碎,然后在右边杯口上放丝杠千斤顶推柱,使之绕大锤旋转,以移动柱脚(图2.29)。

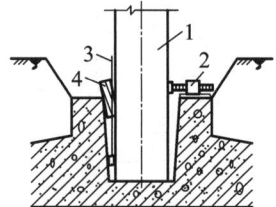

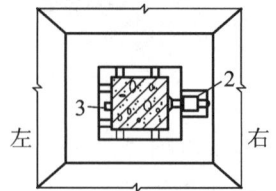

图2.29 用反推法校正柱平面位置
1—柱;2—丝杠千斤顶;3—大锤;4—木楔

（2）垂直度校正。

柱子垂直度校正一般均采用无缆风绳校正法。质量在 20 t 以内的柱子采用敲打杯口楔子或敲打钢钎等专用工具校正(图 2.30)；质量在 20 t 以上的柱子则需采用丝杠千斤顶平顶法或油压千斤顶立顶法校正，如图 2.31～图 2.33 所示。

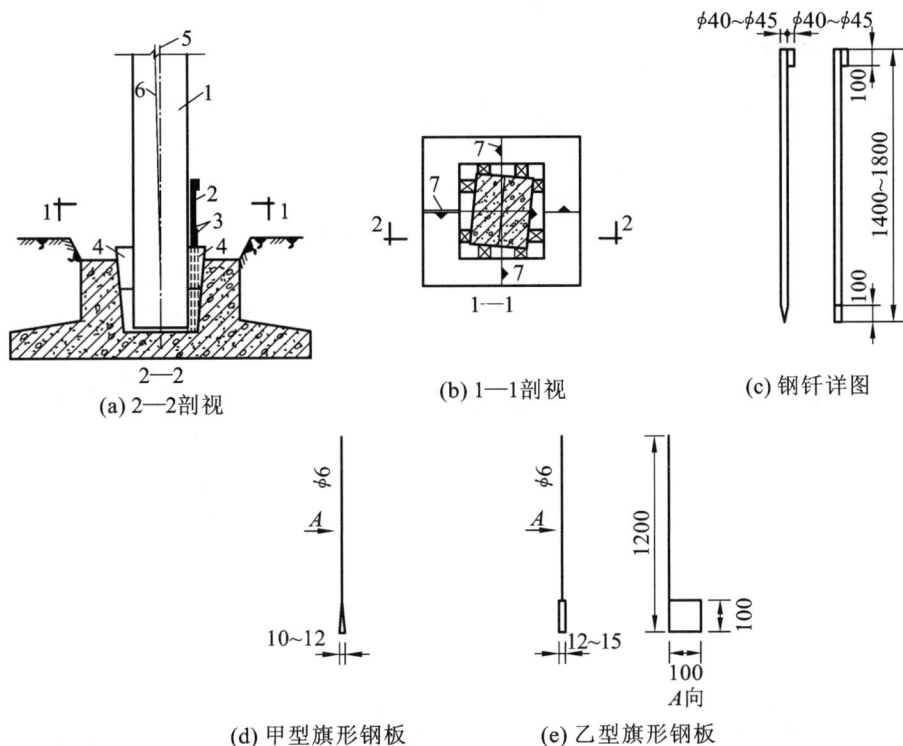

(a) 2—2剖视　　(b) 1—1剖视　　(c) 钢钎详图

(d) 甲型旗形钢板　　(e) 乙型旗形钢板

图 2.30　敲打钢钎法校正柱垂直度(单位：mm)
1—柱；2—钢钎；3—旗形钢板；4—钢楔；5—柱中线；6—垂直线；7—直尺

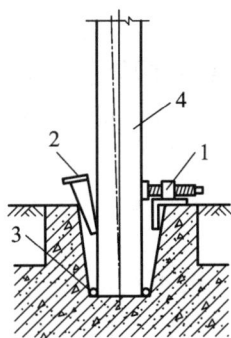

图 2.31　丝杠千斤顶平顶法校正柱子垂直度
1—丝杆千斤顶；2—楔子；3—石子；4—柱

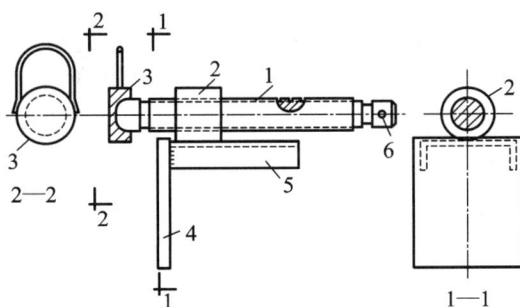

图 2.32　丝杠千斤顶构造
1—丝杠；2—螺母；3—垫板；
4—钢板；5—槽钢；6—撬撬杠(手柄)孔

6）最后固定

钢筋混凝土柱是在柱与杯口的空隙内浇灌细石混凝土后做最后固定的。灌缝工作应在校正后立即进行。灌缝前，应将杯口空隙内的木屑等垃圾清除干净，并用水湿润柱

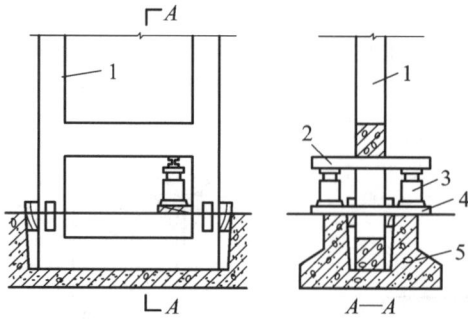

图 2.33　千斤顶立顶法校正双肢柱垂直度
1—双肢柱；2—钢梁；3—千斤顶；4—垫木；5—基础

和杯口壁。对于因柱底不平或柱脚底面倾斜而造成柱脚与杯底间有较大空隙的情况,应先灌一层稀水泥砂浆,填满空隙后,再灌细石混凝土。灌缝工作一般分两次进行:第一次灌至楔子底面,待混凝土强度达到设计强度的 25% 后,拔出楔子,第二次全部灌满。灌捣混凝土时,不要碰动楔子。若灌捣细石混凝土发现碰动了楔子,可能会影响柱子的垂直度,必须及时对柱的垂直度进行复查。

2.吊车梁吊装

1)绑扎、起吊、就位、临时固定

吊车梁的吊装必须在基础杯口二次灌浆的混凝土强度达到设计强度的 70% 以上才能进行。

吊车梁绑扎时,两根吊索要等长,绑扎点要对称设置,以使吊车梁在起吊后能基本保持水平。吊车梁两头需用溜绳控制。

吊车梁就位时应缓慢落钩,争取一次对好纵轴线,避免在纵轴线方向撬动吊车梁而导致柱偏斜。

吊车梁在就位时一般用垫铁垫平即可,不需要采取临时固定措施,但当梁的高度与底宽之比大于 4 时,可用连接钢板与柱子点焊做临时固定。

2)校正

中小型吊车梁的校正工作宜在屋盖吊装后进行;重型吊车梁如在屋盖吊装后校正难度较大,常采取边吊边校法施工,即在吊装就位的同时进行校正。

混凝土吊车梁校正的主要内容包括垂直度校正和平面位置校正,两者应同时进行。由于柱子吊装时已通过基础底面标高进行控制,且吊车梁与吊车轨道之间尚需做较厚的垫层,故混凝土吊车梁的标高一般不需要校正。

(1)垂直度校正。

吊车梁垂直度用靠尺、线锤检查。T 形吊车梁测其两端垂直度,鱼腹式吊车梁测其跨中两侧垂直度(图 2.34)。吊车梁垂直度允许偏差为 5 mm。校正吊车梁的垂直度时,需在吊车梁底端与柱牛腿面之间垫入斜垫块,为此要将吊车梁抬起,可根据吊车梁的质量使用千斤顶等进行,也可在柱上或屋架上悬挂倒链,将吊车梁需垫铁的一端吊起。

(2)平面位置校正。

吊车梁平面位置校正,包括直线度(使同一纵轴线上各梁的中线在一条直线上)和跨距两项。一般 6 m 长、5 t 以内的吊车梁可用拉钢丝法和仪器放线法校正。12 m 长及 5 t 以上的吊车梁常采取边吊边校法校正。

① 通线法:根据柱轴线用经纬仪将吊车梁的中线放到一跨四角的吊车梁上,并用钢尺校核跨距,然后分别在两条中线上拉一根 16~18 号钢丝。钢丝中部用圆钢支垫,两端垫高 20 cm 左右,并悬挂重物拉紧,钢丝拉好后,凡是中线与钢丝不重合的吊车梁均应用撬杠予以拨正(图 2.35)。

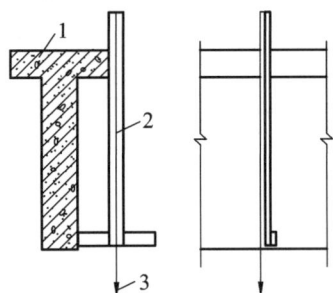

图 2.34 鱼腹式吊车梁垂直度校正
1—吊车梁；2—靠尺；3—线锤

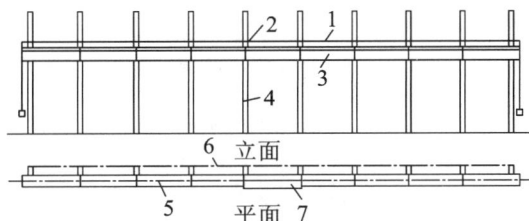

图 2.35 拉钢丝法校正吊车梁的平面位置
1—钢丝；2—圆钢；3—吊车梁；4—柱；5—吊车梁设计中线；
6—柱设计轴线；7—偏离中心线的吊车梁

② 平移轴线法：用经纬仪在各个柱侧面放一条与吊车梁中线距离相等的校正基准线。校正基准线至吊车梁中线距离 a 值，由放线者自行决定。校正时，凡是吊车梁中线至其柱侧基准线的距离不等于 a 值者，用撬杠拨正（图 2.36）。

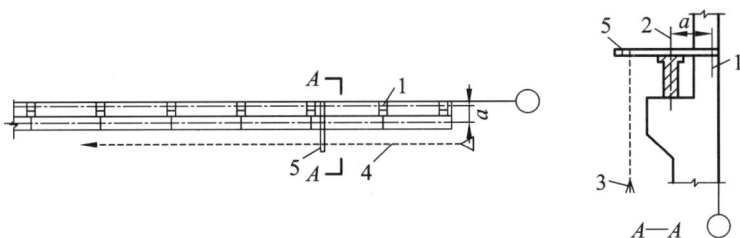

图 2.36 平移轴线法校正吊车梁的平面位置
1—校正基准线；2—吊车梁中线；3—经纬仪；4—经纬仪视线；5—木尺

3）最后固定

吊车梁的最后固定，是在吊车梁校正完毕后，用连接钢板与柱侧面、吊车梁顶端的预埋铁件相焊接，并在接头处支模，浇灌细石混凝土完成的。

3. 屋架吊装

1）绑扎

屋架的绑扎应在节点上或靠近节点。翻身（扶直）屋架时，吊索与水平线的夹角不宜小于 60°，吊装时不宜小于 45°。绑扎中心（各支吊索内力的合力作用点）必须在屋架重心之上，否则，屋架起吊后会倾翻。具体绑扎方法应根据屋架的跨度、安装高度和起重机的吊杆长度确定。图 2.37 所示为屋架翻身和吊装的几种绑扎方法。

2）翻身（扶直）

屋架都是平卧生产的，运输或吊装时必须先翻身。由于屋架平面刚度差，翻身中易损坏，为此，必须采取有效措施或合理的扶直方法。应注意：①跨度 18 m 以上的屋架，应在两端用方木搭设井字架为支点，翻身扶直时屋架可搁置于其上（图 2.38）；②24 m 以上的屋架，一般在屋架下弦中节点处设置垫点，使屋架在翻身过程中，下弦中部始终着实（图 2.39），屋架立直后，下弦的两端应着实，而中部则应悬空，为此，中节点垫点垫木的厚度应适中；③凡屋架高度超过 1.7 m，应在其表面加绑木、竹或钢管横杆，用以加强屋架平面刚度。

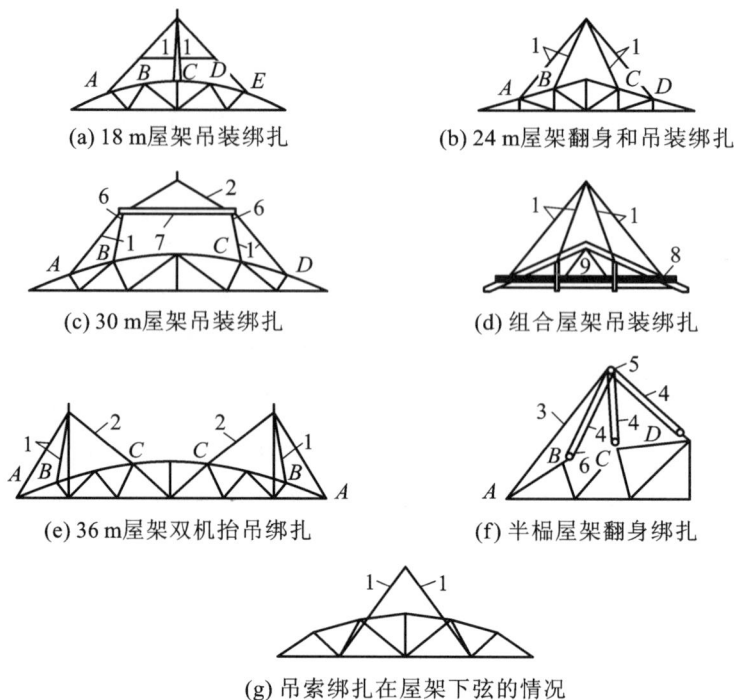

(a) 18 m屋架吊装绑扎

(b) 24 m屋架翻身和吊装绑扎

(c) 30 m屋架吊装绑扎

(d) 组合屋架吊装绑扎

(e) 36 m屋架双机抬吊绑扎

(f) 半榀屋架翻身绑扎

(g) 吊索绑扎在屋架下弦的情况

图 2.37　屋架翻身和吊装的绑扎方法

1—长吊索对折使用；2—单根吊索；3—平衡吊索；4—长吊索穿滑车组；
5—双门滑车；6—单门滑车；7—横吊梁；8—铅丝；9—加固木杆

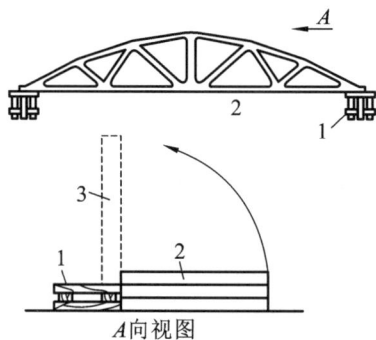

*A*向视图

图 2.38　重叠生产的屋架翻身

1—井字架；2—屋架；3—屋架立直

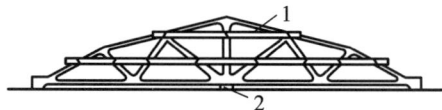

图 2.39　设置中垫点翻屋架

1—加固木杆；2—下弦中节点垫点

　　按照起重机与屋架的相对位置的不同，屋架扶直分为正向扶直和反向扶直(图 2.40)。

　　(1)正向扶直：起重机位于屋架下弦一侧，吊钩对准屋架中心。起吊过程中以屋架下弦为轴缓慢旋转为直立状态。

　　(2)反向扶直：起重机位于屋架上弦一侧，吊钩对准屋架中心。起吊过程中以屋架下弦为轴缓慢旋转为直立状态。

　　正向扶直比较安全，应尽可能采用正向扶直。扶直后应立即就位。就位是指把屋架移放到吊装便于操作的位置，一般靠柱边斜放或 3～5 榀为一组平行于柱边。屋架就位后应采取支撑或绑扎措施保持其稳定性。

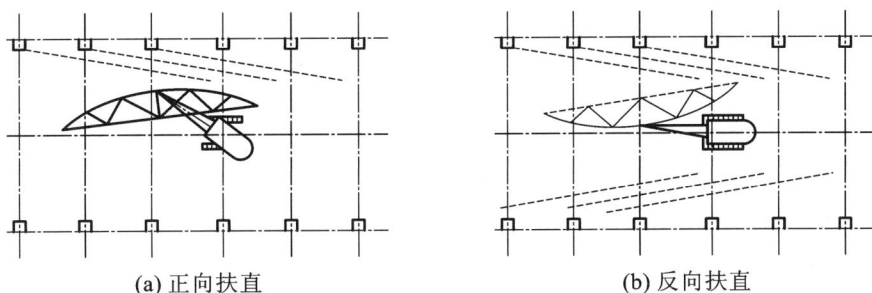

(a) 正向扶直　　　　　　　　　　(b) 反向扶直

图 2.40　屋架的扶直与就位

3）起吊

屋架起吊前，应在屋架上弦自中央向两边分别弹出天窗架、屋面板的安装位置线和在屋架下弦两端弹出屋架中线；在柱顶上弹出屋架安装中线，屋架安装中线应按厂房的纵横轴线投上去。屋架起吊有单机吊装和双机抬吊两种方法。

（1）单机吊装。

先将屋架吊离地面 50 cm 左右，使屋架中心对准安装位置中心，然后徐徐升钩，将屋架吊至柱顶以上 30 cm 的位置，再用溜绳旋转屋架使其对准柱顶，落钩就位（图 2.41）。落钩应缓慢进行，并在屋架刚接触柱顶时刹车对线。随后做临时固定，并同时进行垂直度校正和最后固定工作。

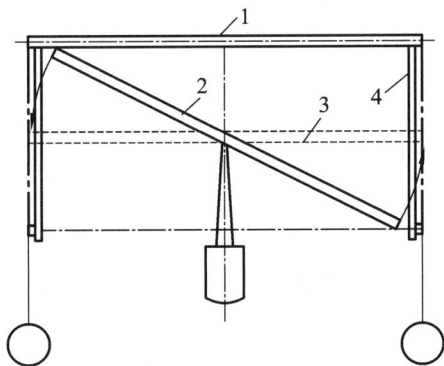

图 2.41　升钩时屋架对准跨度中心

1—已吊好的屋架；2—正吊装的屋架；3—正吊装屋架的安装位置；4—吊车梁

（2）双机抬吊。

当屋架质量较大，一台起重机无法完成作业时采用双机抬吊。把屋架立于跨中，两台起重机共同抬吊屋架（图 2.42）。抬吊的方法有：①一机回转一机跑吊；②双机跑吊。

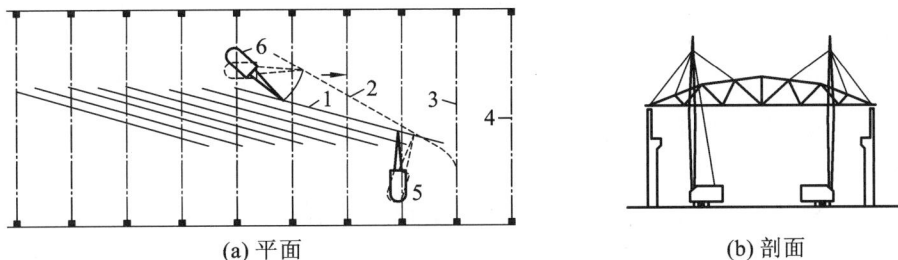

(a) 平面　　　　　　　　　　(b) 剖面

图 2.42　双机抬吊安装屋架

1—准备起吊的屋架；2—调档后的屋架；3—准备就位的屋架；4—已安装好的屋架；5—起重机甲；6—起重机乙

4）临时固定、校正、最后固定

第一榀屋架就位后，一般在其两侧各设置两道缆风绳做临时固定，并用缆风绳来校正垂直度(图 2.43)。以后的各榀屋架，可用屋架校正器做临时固定和校正(图 2.44)。跨度为15 m以内的屋架用一根校正器；跨度为 18 m 以上的屋架用两根校正器。屋架校正器的构造如图 2.45 所示。校正无误后立即用电焊固定，焊接时应在屋架的两侧同时对角施焊，不得同侧同时施焊，避免因焊缝收缩使屋架倾斜。施焊后，才可卸钩。

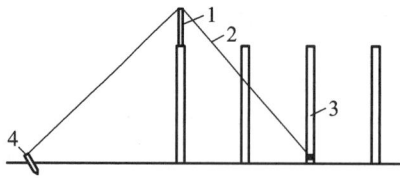

图 2.43　第一榀屋架用缆风绳临时固定
1—屋架；2—缆风绳；3—柱；4—木桩

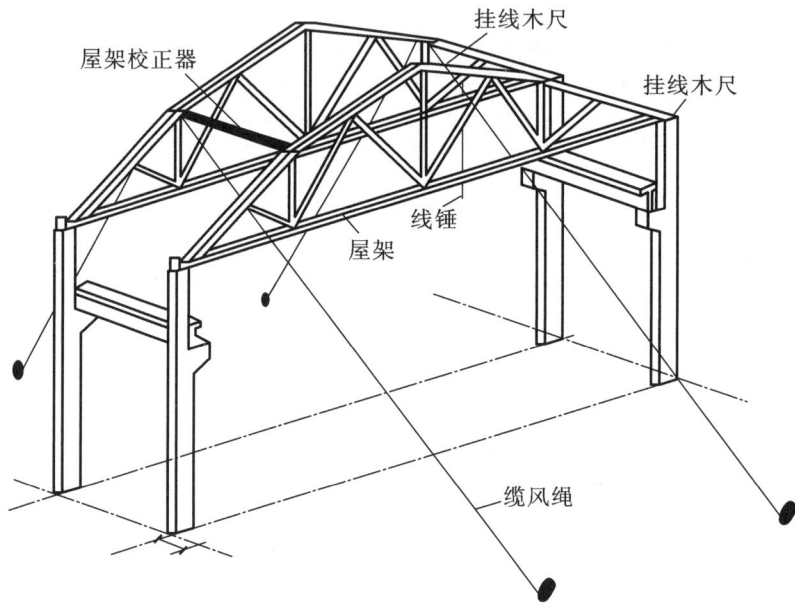

图 2.44　用屋架校正器临时固定和校正屋架

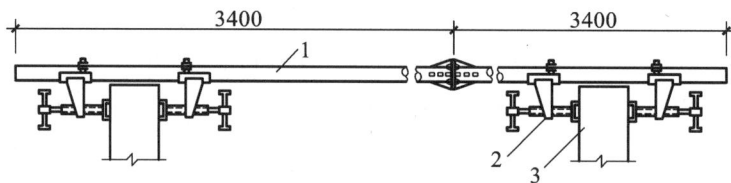

图 2.45　屋架校正器(单位：mm)
1—钢管；2—撑脚；3—屋架上弦

4. 天窗架、屋面板吊装

(1) 天窗架常用单独吊装，也可与屋架拼装成整体同时吊装。单独吊装时，应待屋架两侧屋面板吊装后进行，采用两点或四点绑扎，并用工具式夹具或圆木进行临时加固[图 2.46(a)]。

(2) 屋面板多采用一钩多块叠吊或平吊法，以发挥起重机的性能。吊装顺序：由两边檐口开始，左右对称逐块向屋脊安装，避免屋架承受半跨荷载。屋面板对位后应立即焊接牢固，每块板不少于三个角点焊接[图 2.46(b)、图 2.46(c)]。

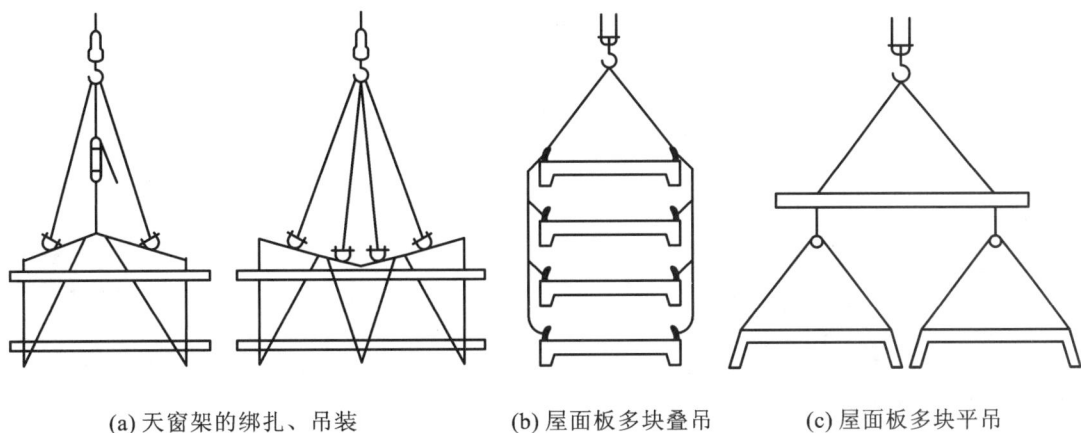

(a)天窗架的绑扎、吊装　　　(b)屋面板多块叠吊　　　(c)屋面板多块平吊

图 2.46　天窗架、屋面板吊装

(三)混凝土结构吊装工程质量

1.混凝土结构吊装工程质量要求

(1)从事混凝土结构吊装的人员必须充分重视工程质量。混凝土结构吊装工程质量是建筑物的主体工程质量的重要组成部分,它直接关系到建筑物的安全性、使用功能和耐久性能。

(2)在进行构件的运输或吊装前,必须认真对构件的制作质量进行复查验收。在此之前,制作单位须先行自查,然后向运输单位和吊装单位提交构件出厂证明书(附混凝土试块强度报告),并在自查合格的构件上加盖"合格"印章。

复查验收内容主要包括构件的混凝土强度和构件的观感质量。检查构件的混凝土强度,主要是查阅混凝土试块的试验报告单,看其强度是否符合设计要求和运输、吊装要求。检查构件的观感质量,主要是看构件有无裂缝,或裂缝宽度、混凝土密实度(蜂窝、孔洞及露筋情况)和外形尺寸偏差是否符合设计要求和规范要求。

混凝土预制构件的尺寸偏差应符合表 2-2 的规定。

表 2-2　预制构件尺寸的允许偏差及检验方法

项　　目		允许偏差/mm	检 验 方 法
长度	板、梁	$+10,-5$	钢尺检查
	柱	$+5,-10$	
	墙板	±5	
	薄腹梁、桁架	$+15,-10$	
宽度、高(厚)度	板、梁、柱、墙板、薄腹梁、桁架	±5	钢尺量一端及中部,取其中较大值
侧向弯曲	梁、柱、板	$l/750$ 且不大于 20	拉线、钢尺量最大侧向弯曲处
	墙板、薄腹梁、桁架	$l/1000$ 且不大于 20	

续表

项 目		允许偏差/mm	检 验 方 法
预埋件	中心线位置	10	钢尺检查
	螺栓位置	5	
	螺栓外露长度	+10，−5	
预留孔	中心线位置	5	钢尺检查
预留洞	中心线位置	15	钢尺检查
主筋保护层厚度	板	+5，−3	钢尺或保护层厚度测定仪量测
	梁、柱、墙板、薄腹板、桁架	+10，−5	
对角线差	板、墙板	10	钢尺量两个对角线
表面平整度	板、墙板、柱、梁	5	2 m靠尺和塞尺检查
预应力构件预留孔道位置	梁、墙板、薄腹梁、桁架	3	钢尺检查
翘曲	板	$l/750$	调平尺在两端量测
	墙板	$l/1000$	

注:1. l 为构件长度(mm);

2. 检查中心线、螺栓和孔道位置时,应沿纵、横两个方向量测,并取其中的较大值;

3. 对形状复杂或有特殊要求的构件,其尺寸偏差应符合标准图或设计要求。

(3) 混凝土构件的安装质量必须符合下列要求。

① 保证构件在吊装中不断裂。为此,吊装时构件的混凝土强度、预应力混凝土构件孔道灌浆的水泥砂浆强度以及下层结构承受内力的接头(接缝)的混凝土或砂浆的强度,必须符合设计要求。设计无规定时,混凝土的强度不应低于设计强度等级的 70%,预应力混凝土构件孔道灌浆的强度不应低于 15 MPa,下层结构承受内力的接头(接缝)的混凝土或砂浆的强度不应低于 10 MPa。

② 保证构件的型号、位置和支点锚固质量符合设计要求,且无变形、损坏现象。

③ 保证连接质量。混凝土构件之间的连接,一般有焊接和浇筑混凝土接头两种。为保证焊接质量,焊工必须经过培训并取得考试合格证;所焊焊缝的观感质量(气孔、咬边、弧坑、焊瘤、夹渣等情况)、尺寸偏差及内在质量均必须符合施工验收规范要求。为此,必须采用符合要求的焊条和科学的焊接规范。为保证混凝土接头质量,必须保证配制接头混凝土的各材料计量准确,浇捣密实并认真养护,其强度必须达到设计要求或满足施工验收规范的规定。

2. 混凝土构件安装的允许偏差和检验方法

混凝土构件安装的允许偏差和检验方法见表 2-3。

表 2-3 柱、梁、屋架等构件安装的允许偏差和检验方法

项次	项	目		允许偏差/mm	检 验 方 法
1	杯形基础	中心线对轴线位置偏移		10	尺量检查
		杯底安装标高		+0，−10	用水准仪检查
2	柱	中心线对定位轴线位置偏移		5	尺量检查
		上下柱接口中心线位置偏移		3	
		垂直度	≤5 m	5	用经纬仪或吊线和尺量检查
			>5 m	10	
			≥10 m 多节柱	1/1000 柱高，且不大于 20	
		牛腿上表面和柱顶标高	≤5 m	+0，−5	用水准仪或尺量检查
			>5 m	+0，−8	
3	梁或吊车梁	中心线对定位轴线位置偏移		5	尺量检查
		梁上表面标高		+0，−5	用水准仪或尺量检查
4	屋架	下弦中心线对定位轴线位置偏移		5	尺量检查
		垂直度	桁架拱形屋架	1/250 屋架高	用经纬仪或吊线和尺量检查
			薄腹梁	5	
5	天窗架	构件中心线对定位轴线位置偏移		5	尺量检查
		垂直度		1/300 天窗架高	用经纬仪或吊线和尺量检查
6	托架梁	底座中心线对定位轴线位置偏移		5	尺量检查
		垂直度		10	用经纬仪或吊线和尺量检查
7	板	相邻板下表面平整度	抹灰	5	用直尺和楔形塞尺检查
			不抹灰	3	
8	楼梯、阳台	水平位置偏移		10	尺量检查
		标高		±5	用水准仪和尺量检查
9	工业厂房墙板	标高		±5	
		墙板两端高低差		±5	

二、钢结构单层工业厂房安装

1. 吊装前的准备工作

1）确定施工方案

施工方案的内容包括：计算钢结构构件和连接件数量，选择起重机械，确定构件吊装

方法,确定吊装流水程序,编制进度计划,确定劳动组织、构件的平面布置,确定质量保证措施、安全措施等。

2）基础的准备

施工时应保证基础顶面标高及地脚螺栓位置准确。其允许偏差:基础顶面高差为±2 mm,倾斜度为1/1000;地脚螺栓位置的允许偏差,在支座范围内为5 mm。为保证基础顶面标高的准确,施工时可采用一次浇筑法或二次浇筑法进行。

（1）一次浇筑法。

先将基础混凝土浇筑至设计标高下40～60 mm处,再用细石混凝土精确找平至设计标高。此法要求钢柱制作精确,并要求细石混凝土和下层混凝土紧密黏结(图2.47)。

（2）二次浇筑法。

钢柱基础分两次浇筑。第一次浇筑到比设计高程低40～60 mm处,待混凝土有一定强度后,在其上放置钢垫板,精确校准钢垫板高程,然后吊装钢柱(图2.48)。当钢柱吊装完毕后再于柱脚处浇筑细石混凝土(图2.49)。此法校正柱子比较容易,多用于重型钢柱安装。

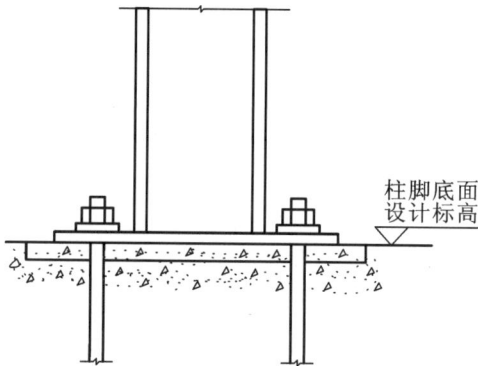

图2.47　钢柱基础的一次浇筑法

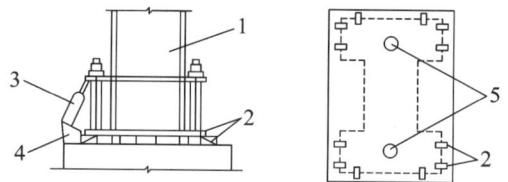

图2.48　钢柱垂直度校正及承重块布置
1—钢柱;2—承重块;3—千斤顶;
4—钢托座;5—标高控制块

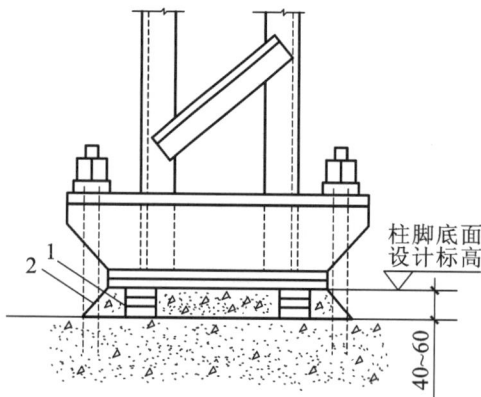

图2.49　钢柱基础的二次浇筑法
1—调整柱子用的钢垫板;
2—柱子安装后浇筑的细石混凝土

基础采用二次浇筑混凝土施工时,钢柱脚应采用钢垫板或坐浆垫板支承。垫板应设置在靠近地脚螺栓柱底脚加劲板或柱脚下。每根地脚螺栓侧应设置1～2组垫块,每组垫板不得多于5块。当采用成对斜垫板时,其叠合长度不应小于垫板长度的2/3。采用坐浆垫板时应使用无收缩砂浆,柱子吊装前砂浆强度等级应小于或等于基础混凝土强度等级。

3）构件的检查与弹线

（1）在吊装钢构件之前,应检查构件的外形和几何尺寸。

（2）在钢柱的底部和上部标出两个方向的轴线,在底部适当高度标出标高准线。

（3）对不易辨别上下、左右的构件，应在构件上加以标明，以免吊装时搞混。

4）构件的运输、堆放

（1）钢构件应根据施工组织设计要求的施工顺序，分单元成套供应。

（2）钢构件在运输时，运输车辆上的支点、两端伸出的长度及绑扎方法均应保证构件不产生变形，不损伤涂层。

（3）钢构件的堆放。

① 堆放的场地应平整坚实，无积水。

② 堆放时应按构件的种类、型号、安装顺序分区存放。

③ 钢结构底层应设有垫枕，并且应有足够的支承面，以防支点下沉。

④ 相同型号的钢构件叠放时，各层钢构件的支点应在同一垂直线上，并应防止钢构件被压坏和变形。

2. 构件的吊装

构件的吊装工作包括钢柱、钢吊车梁、钢屋架等的安装。

1）钢柱的吊装

（1）钢柱的吊升。

钢柱的吊升可采用自行式或塔式起重机，用旋转法或滑行法吊升。当钢柱较重时，可采用双机抬吊，如图 2.50 所示。

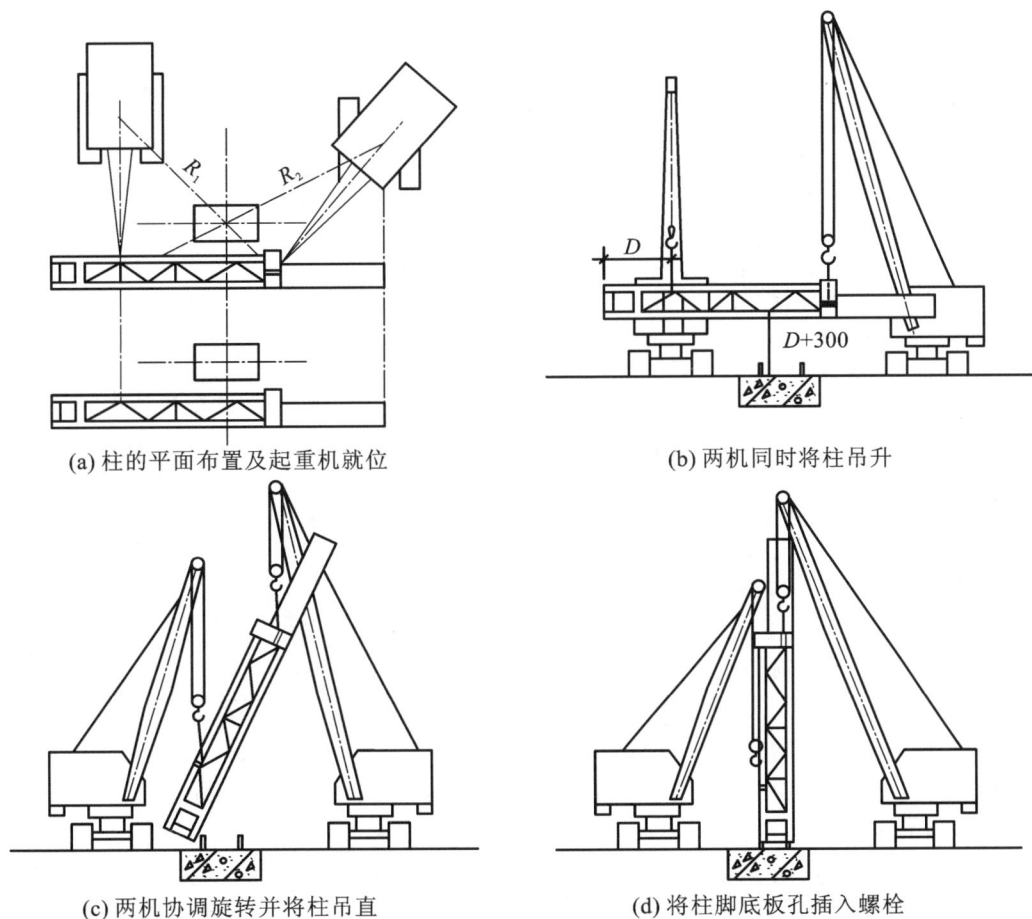

(a) 柱的平面布置及起重机就位　　　　　　(b) 两机同时将柱吊升

(c) 两机协调旋转并将柱吊直　　　　　　(d) 将柱脚底板孔插入螺栓

图 2.50　两点抬吊吊装重型柱(单位:mm)

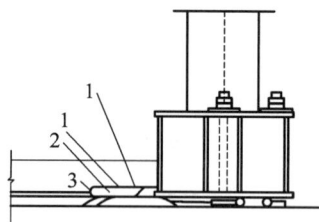

图 2.51 钢柱位置校正

1—螺旋千斤顶;2—链条;3—千斤顶托座

（2）钢柱的校正与固定。

钢柱的校正包括平面位置、标高、垂直度的校正。

① 平面位置的校正:用经纬仪从两个方向检查钢柱的安装准线。如果发现轴线不重合,对钢柱应先松地脚螺栓,再通过撬杠拨动等措施使柱底移位到轴线基准点。对于重型钢柱可采用螺旋千斤顶加链条套环托座沿水平方向校正(图 2.51)。

② 标高的校正:在吊升前应安放标高控制块以控制钢柱底部标高。

③ 垂直度的校正:用经纬仪检查钢柱的垂直度,如超过允许偏差,用千斤顶进行校正。

钢柱的固定:为防止钢柱校正后的轴线位移,应在柱底板四边用 10 mm 厚钢板定位,并电焊牢固。

钢柱复校后,紧固地脚螺栓,并将承重垫块上下点焊固定,防止其走动。

单层钢结构中钢柱安装的允许偏差见表 2-4。

表 2-4 单层钢结构中钢柱安装的允许偏差

项 目		允许偏差/mm	图 例	检验方法
柱脚底座中心线对定位轴线的偏移		5.0		用吊线和钢尺检查
柱基准点标高	有吊车梁的柱	+3.0 −5.0		用水准仪检查
	无吊车梁的柱	+5.0 −8.0		
弯曲矢高		$H/1200$ 且不大于 15.0		用经纬仪或拉线和钢尺检查
柱轴线垂直度	单层柱 $H<10$ m	10.0		用经纬仪或吊线和钢尺检查
	单层柱 $H>10$ m	$H/1000$ 且不大于 25.0		
	多节柱 单节柱	$H/1000$ 且不大于 10.0		
	多节柱 柱全高	35.0		

2）钢吊车梁的吊装

钢吊车梁的吊装方法和内容与钢筋混凝土吊车梁相同。具体步骤如下。

（1）钢吊车梁的吊升。

① 钢吊车梁可用自行式起重机吊装,也可以用塔式起重机、桅杆式起重机等进行吊装。

②　钢吊车梁吊装时应注意钢柱吊装后的位移和垂直度的偏差，认真做好临时标高垫块工作，严格控制定位轴线，实测吊车梁搁置处梁高制作的误差。

（2）钢吊车梁的校正与固定。

钢吊车梁校正的内容包括标高、垂直度、轴线、跨距的校正。

①　标高的校正可在屋盖吊装前进行。校正时用千斤顶或起重机对梁作竖向移动，并垫钢板，使其偏差在允许范围内。

②　钢吊车梁轴线的校正可用通线法和平移轴线法，跨距的检验用钢尺测量，跨度大的车间用弹簧秤拉测，如超过允许偏差，可用撬棍、钢楔、花篮螺丝、千斤顶等校正。

钢吊车梁安装允许偏差见表 2-5。

表 2-5　钢吊车梁安装允许偏差

项　目		允许偏差/mm	图　例	检验方法
梁跨中的垂直度 Δ		$h/500$		用吊线和钢尺检查
侧向弯曲矢高		$l/1500$ 且不大于 10.0		用拉线和钢尺检查
垂直上拱矢高		10.0		
两端支座中心位移（Δ）	安装在钢柱上，对牛腿中心的偏移	5.0		
	安装在混凝土柱上，对定位轴线的偏移	5.0		
吊车梁支座加劲板中心与柱子承压加劲板中心偏移（Δ_1）		$t/2$		用吊线和钢尺检查
同跨间内同一横截面吊车梁顶面高差 Δ	支座处	10.0		用经纬仪、水准仪和钢尺检查
	其他处	15.0		
同跨间内同一横截面下挂式吊车梁底面高差 Δ		10.0		
同列相邻两柱间吊车梁顶面高差 Δ		$l/1500$ 且不大于 10.0		用水准仪和钢尺检查
同跨间任一截面的吊车梁中心跨距		±10.0		用经纬仪和光电测距仪检查；跨度小时，可用钢尺检查

续表

项　目		允许偏差/mm	图　例	检验方法
相邻两吊车梁接头部位	中心错位	3.0		用钢尺检查
	上承式顶面高差	1.0		
	上承式底面高差	1.0		
轨道中心对吊车梁腹板轴线偏移 △		$t/2$		用吊线和钢尺检查

　　3）钢屋架的吊装与校正

　　钢屋架可采用自行式起重机、塔式起重机或桅杆式起重机等进行吊装。钢屋架的临时固定可用临时螺栓和冲钉。钢屋架的侧向稳定性差,必要时应绑几道杉木杆作为临时加固措施。如果起重机的起重量、起重臂的长度允许,应先将两榀屋架及其上部的天窗架、檩条、支撑等拼装成为整体,然后再一次吊装。

　　钢屋架的校正内容主要包括垂直度和弦杆的正直度校正。垂直度用垂球检验,弦杆的正直度用拉紧的测绳进行检验。

　　钢屋架用电焊或高强螺栓进行最后固定。用焊接固定时,应避免在屋架的两端同侧同时施焊,防止焊缝收缩造成屋架倾斜。当屋架焊缝全部完成后,起重机才可以松钩。只有等屋架校正完毕最后固定,并安装了若干块屋面板(或安装完上弦支撑)后,才能将屋架校正器取下。

　　钢屋架允许偏差见表 2-6。

表 2-6　钢屋架允许偏差

项　目		允许偏差/mm	图　例
跨中的垂直度		$h/250$ 且不大于 15.0	
侧向弯曲矢高 f	$l\leqslant30$ m	$l/1000$ 且不大于 10.0	
	30 m$<l\leqslant$60 m	$l/1000$ 且不大于 30.0	
	$l>60$ m	$l/1000$ 且不大于 50.0	

　　3. 连接与固定

　　钢结构连接方法通常有三种:焊接、铆接和螺栓连接。

　　钢构件的连接接头应经检查合格后方可紧固或焊接。焊接和高强度螺栓结合使用的连接,当设计无特殊要求时,应按先栓后焊的顺序施工。

1）摩擦面的处理

高强度螺栓连接构件摩擦面可用喷砂、喷（抛）丸、酸洗或砂轮打磨等方法进行处理。处理好的摩擦面应有保护措施，不得涂油漆或污损。摩擦面的抗滑移系数应符合设计要求。

2）连接板安装

高强度螺栓板面接触要平整。

3）高强度螺栓安装

（1）安装要求。

① 钢结构拼装前，应清除飞边、毛刺、焊接飞溅物。摩擦面应保持干燥、整洁，不得在雨中作业。

② 高强度螺栓连接副应按批号分别存放，并应在同批内配套使用。

③ 施工前，大六角头高强度螺栓（图 2.52）连接副应按出厂批号复验扭矩系数；扭剪型高强度螺栓（图 2.53）连接副应按出厂批号复验预拉力。复验合格后方可使用。

图 2.52　大六角头高强度螺栓

图 2.53　扭剪型高强度螺栓

（2）安装方法。

① 高强度螺栓安装前接头应采用冲钉和螺栓临时连接，临时螺栓的数量应为接头上螺栓总数的 1/3，并不少于两个；冲钉使用数量不宜超过临时螺栓数量的 30%。对错位的螺栓孔应用铰刀或粗锉刀进行规整处理，处理时应先紧固临时螺栓主板至板间无间隙，以防切屑落入。钢结构应在临时螺栓连接状态下进行安装精度校正。

② 钢结构安装精度调整满足校准规定后便可安装高强度螺栓。先安装接头中未装临时螺栓和冲钉的螺孔。将安装上的高强度螺栓用普通扳手充分拧紧后，再逐个用高强度螺栓换下冲钉和临时螺栓。

4）高强度螺栓的紧固

高强度螺栓的紧固可分为初拧和终拧。对于大型节点应分初拧、复拧和终拧，复拧扭矩应等于初拧扭矩，初拧扭矩值不得小于终拧扭矩值的 30%，一般为终拧扭矩的 60%~80%。高强度螺栓的安装应按一定顺序施拧，宜由螺栓群中央顺序向外拧紧，并应在当天终拧完毕，其外露丝扣不得少于 3 扣。对已紧固的高强度螺栓，应逐个检查验收。对终拧用电动扳手紧固的扭剪型高强度螺栓，应以目测尾部梅花头拧掉为合格。施工扭矩值的检查在终拧完成 1~48 h 内进行。紧固高强度螺栓所用扳手如图 2.54~图 2.56 所示。

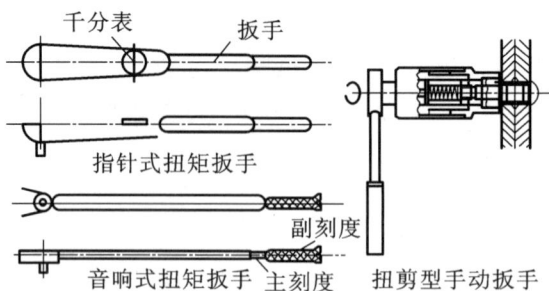

图 2.54　手动扭矩扳手

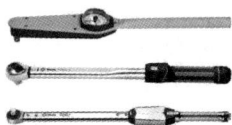

图 2.55　可控扭矩扳手

图 2.56　响声式扭矩扳手

任务三　装配式混凝土结构安装

任务目标

掌握装配式混凝土结构构件安装的施工工艺要求。

一、装配式建筑基础知识

1. 装配式建筑的概念

什么是装配式建筑呢? 2016 年 9 月 30 日,国务院办公厅下发的《关于大力发展装配式建筑的指导意见》(国办发〔2016〕71 号)指出:"装配式建筑是用预制部品部件在工地装配而成的建筑。"2017 年实施的《装配式混凝土建筑技术标准》(GB/T 51231—2016)将装配式建筑定义为:结构系统、外围护系统、设备与管线系统、内装系统的主要部分采用预制部品部件集成的建筑。相对于现在仍然在施工中占主流的现浇建筑来说,装配式建筑就是把一部分原来通过现浇成型的构配件,比如墙、梁、柱、板,拿到工厂生产,生产之后再运到工地组装,然后采用有效的连接方式(干连接、湿连接)使构件连接形成一个完整的建筑(图 2.57)。

装配式建筑按材料可分为装配式混凝土结构、装配式钢结构、装配式木结构。

在《混凝土结构工程施工质量验收规范》(GB 50204—2015)中,混凝土结构被定义为以混凝土为主制成的结构,包括素混凝土结构、钢筋混凝土结构和预应力混凝土结构。混凝土结构按施工方法可分为现浇混凝土结构和装配式混凝土结构。现浇混凝土结构在前面的项目中已经有比较系统的介绍,本任务主要介绍装配式混凝土结构。

装配式混凝土建筑按结构形式可分为预制装配式框架结构、预制装配式剪力墙结构、预制装配式组合结构、盒式结构。

图 2.57 装配式建筑施工场景

装配式混凝土建筑的基本构件主要包括：预制混凝土柱、预制混凝土梁、预制混凝土剪力墙、预制混凝土楼面板、预制混凝土楼梯、预制混凝土阳台、空调板、女儿墙、围护结构等。

2. 装配式混凝土结构的定义

装配式混凝土结构是由预制混凝土构件通过各种可靠的连接方式装配而成的混凝土结构，包括装配整体式混凝土结构、全装配式混凝土结构等。装配式混凝土结构在建筑工程中，简称装配式建筑；在结构工程中，简称装配式结构。（出自《装配式混凝土结构技术规程》(JGJ 1—2014)）

装配式结构的基本特征一般都包括设计标准化、生产工厂化、施工装配化、装修一体化、管理信息化，如图 2.58～图 2.61 所示。

图 2.58 装配式混凝土构件在工厂生产

图 2.59 装配式混凝土构件（墙板）在厂区堆放

图 2.60 装配式混凝土墙板在进行安装

图 2.61 装配式混凝土叠合板在进行安装

3. 我国装配式混凝土结构的发展概况

早在中华人民共和国成立初期,国家就提出借鉴国外先进经验,推行标准化、工厂化、装配式施工的建造方式。直至 20 世纪 80 年代初,低碳冷拔钢丝预应力混凝土圆孔板、装配式大板住宅等多种装配式建筑体系才得到快速发展。在当时,由于房屋建筑总体建设量不大,预制构件厂的供应可满足需求,所以装配式的房屋建筑很好地适应了当时我国建筑技术发展的需要。从 20 世纪 80 年代末开始,由于大板住宅建筑具有易渗漏、隔声效果差、保温差等使用性能方面的问题,旧的装配式建筑体系越来越不能满足时代的使用需求。与此同时,我国各类工程建设开始了连续几十年的快速增长,建筑设计对于个性化、多样化、复杂化要求越来越高,房屋建筑抗震性能要求提高,各类模板、脚手架、商品混凝土的应用推广和普及,使得现浇混凝土结构的施工技术迎来了巨大的发展。因此,装配式混凝土结构进入了低谷。

近年来,随着国家对节能环保的愈加重视,建筑施工过程中必须大幅度减少建筑垃圾,降低噪声污染,节约用水。同时,随着各种技术逐步成熟,国家经济实力逐步增强,建筑功能和质量要求提高,装配式结构重新得到了发展。国家也在 2016 年出台了"大力发展装配式建筑,推动产业结构调整升级"的政策,争取要用十年左右的时间,达到装配式建筑在新建建筑中的比例超过 30%、建筑面积超过 5 亿平方米的目标,装配式混凝土结构又将迎来新的发展高峰。

目前,国内流行采用装配整体式混凝土结构的施工方法,也就是俗称的"湿式"连接或者"等同现浇"的设计、施工方法,而美国、德国等国家常使用的是"干式"连接的设计、施工方法。装配整体式混凝土结构是指由预制混凝土构件通过各种可靠的方式进行连接,并与现场后浇混凝土、水泥基灌浆料形成的混凝土结构。这种结构需要处理好节点的连接、钢筋的连接、锚固及碰撞,而且预制构件在进场安装后,还需要支模进行混凝土的浇筑。而"干式"连接与钢结构的安装施工类似,它的施工关键点在于处理好构件的运输、吊装与连接,相对来说,其施工效率更高。

二、装配式混凝土结构安装施工基本要求

1. 施工前的准备工作

(1)应编制针对性强的专项施工方案。方案内容包括构件制作、运输与堆放、安装与连接、施工配合、质量要求与保证措施、安全要求与保证措施等,方案应考虑与传统现浇混凝土施工之间的作业交叉,尽可能做到两种施工工艺之间的相互协调与匹配。

(2)必要时,专业施工单位应根据设计文件进行深化设计。在预制构件深化设计阶段,应协调建设、设计、制作、施工各方之间的关系,加强建筑、结构、设备、装修等专业之间的配合,应利用 BIM 等新技术进行全过程、全专业协同一体化管控。预制构件深化设计应满足如下要求:

① 建筑使用功能、模数、标准化要求,并应进行优化设计;

② 制作、运输、存放、安装及质量控制要求;

③ 深化设计图应包含构件布置图、连接节点详图、预制构件模板图、预制构件配筋图等。

(3)组织现场管理人员及施工人员熟悉、审查图纸,对构件型号、尺寸、预埋件位置逐块检查,准备好各种施工记录表格。

（4）组织安装工人进行技术和安全交底,使吊装工人熟悉构件安装顺序、安全要求、吊具的使用和各种指挥信号。

（5）现场组织各工种、信号吊装配合预演,在预演中发现信号、安全、设备、配合上存在的问题,以便对施工方案进行及时调整。

2. 施工道路和场地

现场道路应满足大型构件进出场的要求:

① 路面平整,满足大型车辆转弯半径的要求和荷载要求;

② 有条件的施工现场应设两个门,进出分开。

工地也可使用挂车运输构件,将挂车车厢运到现场存放,车头开走。构件直接从车上吊装,这样可以避免构件二次驳运,不需要存放场地,也减少了起重机的工作量。

装配式建筑的安装施工建议构件直接从车上吊装,这样将大大提高工作效率。但很多城市对施工车辆在部分时间段内限行,工地不得不准备构件临时堆放场地。临时堆放场地应在起重机作业半径覆盖范围内,且应在吊车一侧,避免二次搬运;场地地面要求平整、坚实,有良好的排水措施。如果构件存放到地下室顶板或已经完工的楼层上,必须征得设计同意,楼盖承载力满足堆放要求;场地布置应考虑构件之间的人行通道,方便现场人员作业,道路宽度不宜小于600 mm。

3. 垂直运输设备

预制构件吊装是装配式混凝土结构施工过程中的主要工序之一,吊装工序极其依赖起重机械设备。

预制构件起重设备的选型应综合考虑现场的场地条件,建筑物的总高度、层数、面积等因素,综合成本核算、施工进度情况、施工吊装情况,当楼间距较近且同时吊装不冲突时选择汽车式起重机或者塔式起重机。汽车式起重机主要用于现场驳运、卸货或者面积较大、布置塔式起重机使用率低,且吊装量不大的低层厂房等建筑物。塔式起重机适用于中高层装配式建筑构件的吊装,还可以兼顾其他施工材料的水平垂直运输。

（1）塔式起重机。

塔式起重机选型需满足以下需求:

① 型号、大臂长度、起吊倍率、安装限高、扶墙长度、基础尺寸等参数需求;

② 吊距较远处的吊重需求;

③ 吊臂长度须满足吊装半径要求。

（2）施工电梯。

因为预制构件依赖节点的混凝土强度,因此施工电梯的附墙位置应尽量避开预制构件。如无法避开预制构件,非承重PC构件不能用作附墙。如在PC构件上附墙,应提前进行深化设计,预留孔洞。施工电梯附墙与预制构件连接时,布置位置一般选择阳台,并搭设临时通道。

4. 构件运输与存放

（1）预制构件运输基本要求。

① 加固措施。运输时应采取绑扎固定措施,构件接触部位应用垫衬。

② 水平放置。预制叠合楼板、预制阳台板、预制空调板、预制楼梯、预制柱、梁等应水平放置。

③ 竖直立放。平面墙板、复合保温或形状特殊的墙板竖直放置的角度应不小于80°。

④ 车速控制。运输车辆速度控制在 30～50 km/h,通过运距计算往返时间。

⑤ 运输时间。运输时间通常在夜间 20:00 以后。

⑥ 超限排查。对主要道路、桥洞等限载、限高进行排查。

⑦ 道路承载能力核验。场区内道路及堆场应能满足承载需求。

(2) 临时存放场地。

临时存放区域应与其他工种作业区之间设置隔离带或做成封闭式存放区域(图2.62),尽量避免吊装过程中在其他工种工作区内经过,影响其他工种正常作业;应该设置警示牌及标识牌,与其他工种要有安全作业距离。预制构件现场布置原则主要包括以下几个方面:

① 重型构件靠近起重机布置,中小型则布置在重型构件外侧;

② 尽可能布置在起重半径范围内,以免二次搬运;

③ 构件布置地点应与吊装就位的布置相配合,尽量减少吊装时起重机的移动和变化幅度;

④ 构件叠层预制时,应满足安装顺序要求,先吊装的底层构件在上,后吊装的上层构件在下。

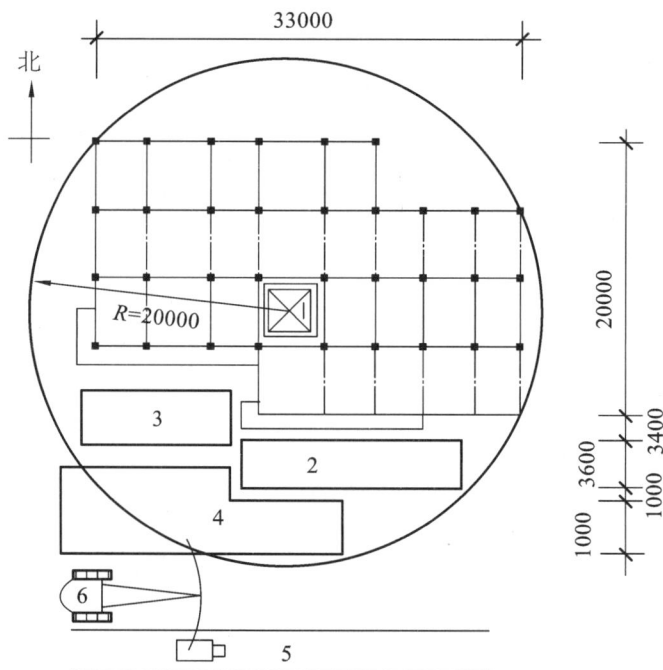

图 2.62 场地布置案例

1—自升式塔式起重机;2—墙板堆放区;3—楼板堆放区;
4—柱、梁堆放区;5—运输道路;6—履带式起重机

堆放时应按吊装顺序、规格、品种、所用幢号房等分区配套堆放,不同构件之间宜设宽度为 0.8～1.2 m 的通道,并有良好的排水措施。

平放码垛时,每垛不超过 6 块且不超过 1.5 m,底部垫 2 根 100 mm×100 mm 通长木方且支垫位置在墙板平吊埋件位置下方,做到上下对齐(图2.63)。外墙板与内墙板可采用竖立插放或靠放,插放时通过专门设计的插放架,应有足够的刚度,并需支垫稳固,防止倾倒或下沉;墙板宜升高离地存放,确保根部面饰、高低口构造、软质缝条和墙体转角等的质量不受损;对连接止水条、高低口、墙体转角等易损部位应加强保护。

图 2.63 构件存放案例

5.预制构件进场验收

预制构件运至现场后,必须进行二次验收。验收需由甲方、监理、总包及供应方四方联检。对混凝土预制构件专业企业生产的预制构件,进场时应检查质量证明文件。质量证明文件包括产品合格证明书、混凝土强度检验报告及其他重要检验报告等。钢筋、混凝土原材料、预应力材料、预埋件等的检验报告在进场时可不提供,但应在构件生产企业存档保留,以便需要时查阅。

对于进场时不做结构性能检验的预制构件,质量证明文件尚应包括预制构件生产过程的关键验收记录。预制构件尺寸允许偏差及检验方法见表 2-7。

表 2-7 预制构件尺寸允许偏差及检验方法

项　　目			允许偏差 /mm	检 验 方 法
长度	楼板、梁、柱	<12 m	±5	尺量检查
		≥12 m 且<18 m	±10	
		≥18 m	±20	
	墙板		±4	
宽度	楼板、梁、柱		±5	尺量一端及中部、取其中偏差绝对值较大处
	墙板		±3	
高度	楼板		±5	尺量一端及中部、取其中偏差绝对值较大处
	内墙板		±3	
	夹心保温外墙板	内叶	0,±3	
		外叶	±3	
		总厚度	±3	
	柱、梁		±5	
表面平整度	楼板、梁、柱、墙板内表面		5	2 m 靠尺和塞尺量测
	墙板外表面		3	
侧向弯曲	楼板、梁、柱		L/750 且≤20	拉线、直尺量测最大侧向弯曲处
	墙板		L/1000 且≤20	

续表

项 目		允许偏差/mm	检验方法
翘曲	楼板	10	调平尺在两端量测
	墙板	5	
对角线差	楼板	5	尺量两个对角线
	墙板	±5	
预留孔	中心线位置	5	尺量检查
	孔尺寸	±5	
预留洞	中心线位置	10	尺量检查
	洞口尺寸、深度	±10	
预埋件	预埋板中心线位置	5	尺量检查
	预埋板与混凝土平面高差	0，-5	
	预埋螺栓孔中心线位置	2	
	预埋螺栓外露长度	+10，-5	
	预埋套筒、螺母中心线位置	2	
	预埋套筒、螺母与混凝土表面高差	0，-5	
预留插筋	中心线位置	3	尺量检查
	外露长度	±5	
键槽	中心线位置	5	尺量检查
	长度、深度、宽度	±5	

注：(1)L 为构件最长边的长度(mm)；

(2)检查中心线、螺栓和孔道位置偏差时，应沿纵横两个方向量测，并取其中偏差较大值；

(3)此表引自《装配式混凝土结构技术规程》(JGJ 1—2014)中的表 11.4.2。

预制构件进场时还应对构件外观质量进行全数检查。预制构件的外观不应有严重缺陷，且不应有影响结构性能和安装、使用功能的尺寸偏差，不宜有一般缺陷。对已出现的一般缺陷应按技术方案进行处理，并应重新检验。

同时需对预制构件的外观尺寸及预埋件位置进行检查。同一类构件，以不超过 100 个为一批次，每批次抽查数量的 5%，且不少于 3 个。

带外装饰面的预制构件，要求外装饰面砖的图案、分格、色彩、尺寸等应符合设计要求，且表面平整，接缝顺直，接缝宽度和深度应符合设计要求。

6. 安装条件复核

预制构件安装施工前，应当对前道工序的质量进行检查，确认具备安装条件时，才可以进行构件安装。

(1)现浇混凝土伸出钢筋位置与数量校验。

检查现浇混凝土伸出钢筋的位置、长度是否正确。现浇部位伸出钢筋如果出现位置偏差，很可能会导致构件无法安装。若在简单调整后依然出现无法安装的状况，现场施工人员不可自行决定如何处理,更不得擅自直接截除钢筋,这样做会造成结构安全隐患,应当由设计和监理共同给出处理方案。目前常见的较为稳妥的方案是将混凝土凿除一定深度,采用机械调整钢筋的办法。

对工地现场偏斜钢筋进行校直时,禁止使用电焊加热或者气焊加热的方法。

(2)构件连接部位标高和表面平整度检查。

构件安装连接部位表面标高应当在误差允许范围内,如果标高偏差较大或表面出现较大倾斜,会影响上部构件安装的平整度和水平缝灌浆厚度的均匀性,必须经过处理后才能进行构件安装。

(3)连接部位混凝土质量检查。

检查连接部位混凝土是否存在疏松、孔洞、蜂窝等情况,如果存在,须经过凿除、清理、补强处理后才能进行吊装。

(4)外挂墙板在主体结构上的连接节点检查。

检查外挂墙板在主体结构上的连接节点的位置是否在允许误差范围内,如果误差过大墙板将无法安装,需要进行调整。调整的方法可以采取增加垫板或调整连接件孔眼尺寸大小等。

7.试制作和试安装

装配式结构正式施工前,宜选择有代表性的单元或部分进行试制作、试安装。当施工单位第一次从事某种类型的装配式结构施工或结构型式比较复杂时,为保证预制构件制作、运输、装配等施工过程的可靠,施工前应针对重点过程进行试制作和试安装。

8.装配式混凝土结构的连接

装配式混凝土结构的连接方式包括后浇混凝土连接、钢筋套筒灌浆连接、钢筋浆锚搭接连接。

(1)后浇混凝土连接:在 PC 构件结合部位留出后浇区,现场浇筑混凝土进行连接。

(2)钢筋套筒灌浆连接:在预制混凝土构件内预埋的金属套筒中插入钢筋并灌注水泥基灌浆料而实现的钢筋机械连接方式。灌浆套筒的类型有半灌浆套筒和全灌浆套筒两种。使用钢筋套筒的构件有预制梁、预制墙、预制柱,如图 2.64～图 2.66 所示。

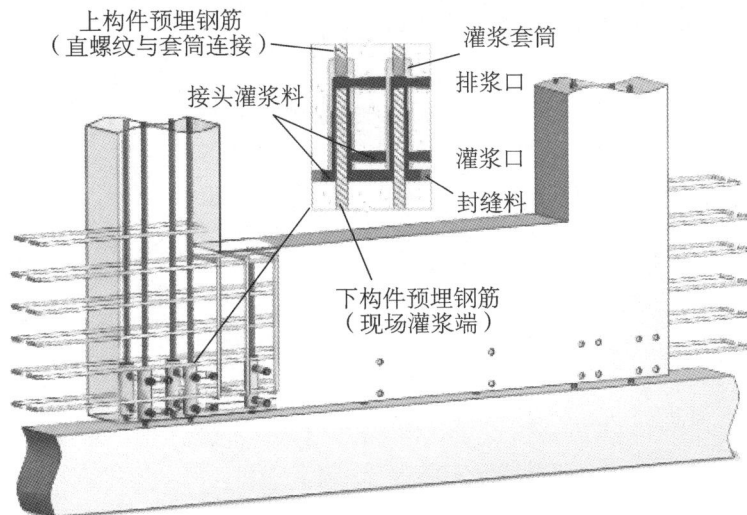

图 2.64 墙体连接示意图

（3）钢筋浆锚搭接连接：在预制混凝土构件中预留孔道，在孔道中插入需搭接的钢筋，并灌注水泥基灌浆料而实现的钢筋搭接连接方式。

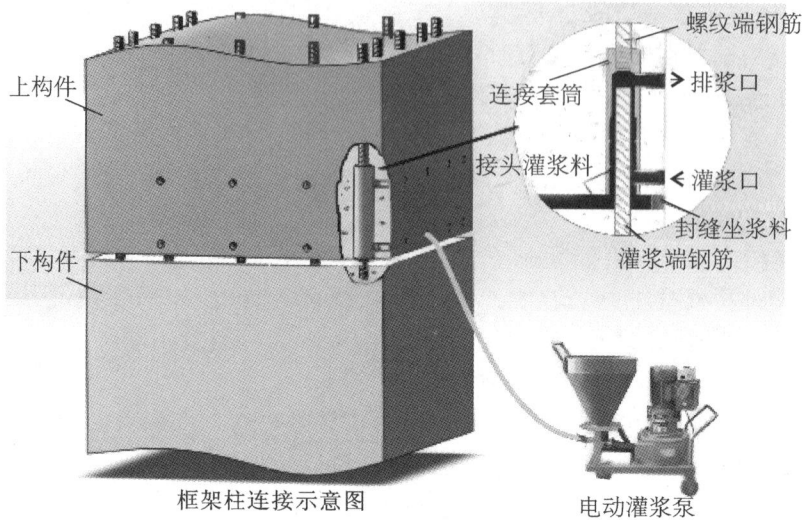

图 2.65　框架柱连接示意图

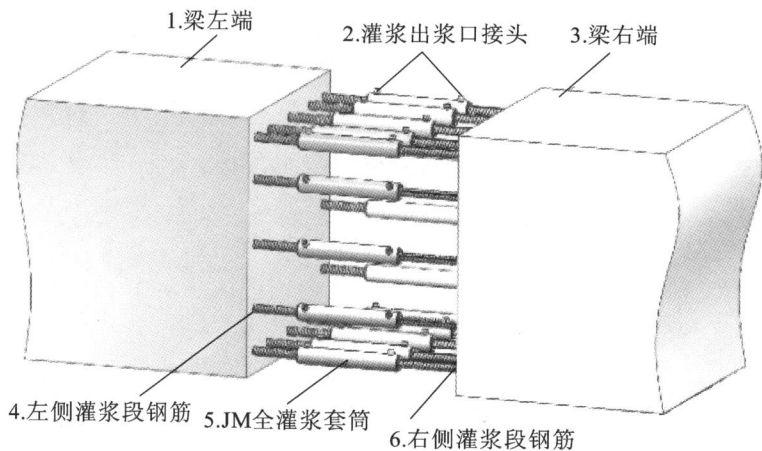

图 2.66　梁连接示意图

三、安装施工工艺

（一）柱安装

1. 工艺流程

柱安装工艺流程如图 2.67 所示。

2. 施工要点

（1）现浇层定位钢筋固定。

装配式结构楼层以下的现浇结构楼层预留纵向钢筋施工时，为避免钢筋偏位、钢筋

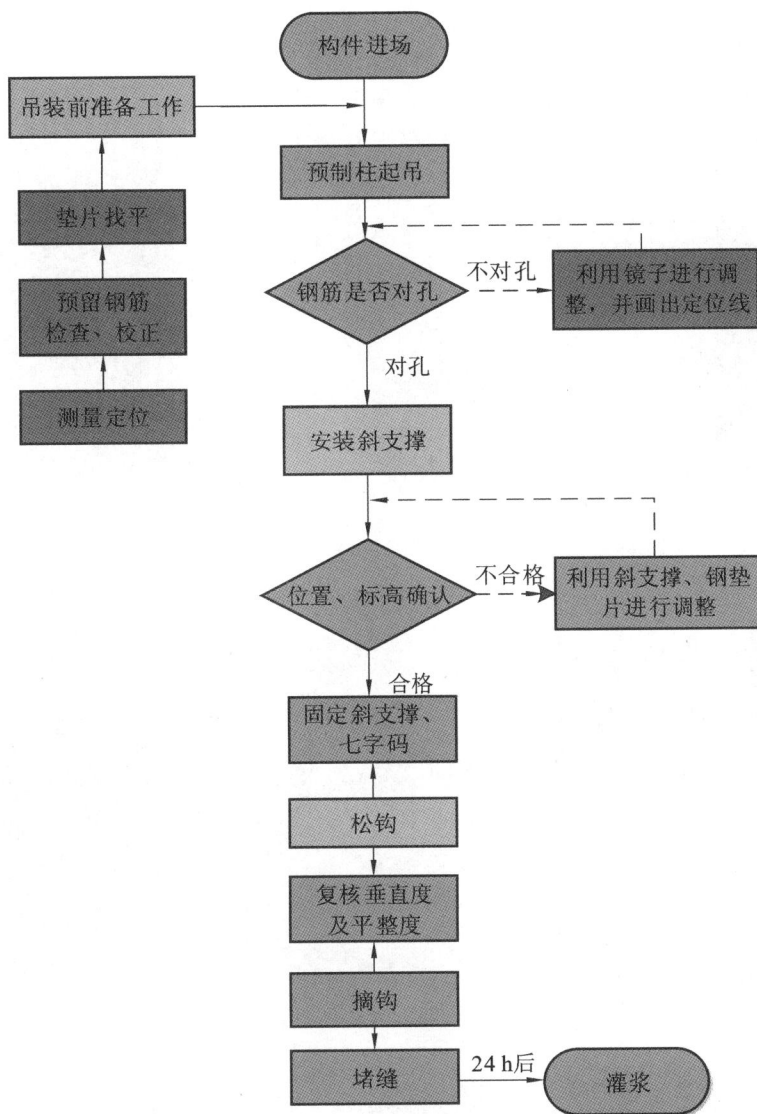

图 2.67　柱安装工艺流程

预留长度错误造成无法与预制装配式结构楼层预制构件的预留套筒正确连接,应采用钢筋定位控制套箍对预留竖向钢筋进行检查、固定,保证结构顶部纵向预留钢筋位置,如图 2.68～图 2.73 所示。

（2）定位复核。

楼面混凝土上强度后,清理结合面,由专业测量员放出测量定位控制轴线、预制柱定位边线及 200 mm 控制线,并做好标识,如图 2.74 所示。

（3）垫片找平。

每个预制柱下部四个角部位根据实测数值放置相应高度的垫片（1 mm、3 mm、5 mm、10 mm、20 mm 等型号的钢垫片,如图 2.75 所示）进行标高找平（图 2.76）,并防止垫片移位。垫片安装应注意避免堵塞注浆孔及灌浆连通腔。

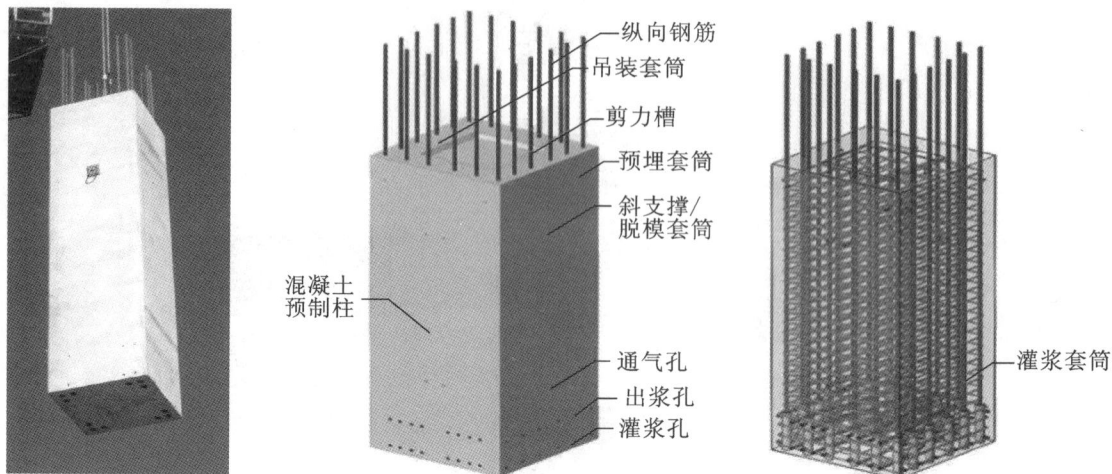

图 2.68　预制框架柱构造示意图

图 2.69　预制框架柱连接节点示意图

图 2.70　预制框架柱现浇层钢筋定位方法示例

图 2.71　预制框架柱现浇层预留钢筋

（4）吊装。

① 进场时或起吊前对柱体部品预留插筋口进行透口检查,如有堵口及时进行通口后方可起吊安装。

② 核对柱规格、型号,准确后方可进行吊装。

图 2.72　预制框架柱灌浆孔展示

图 2.73　预制框架柱安装就位示例

图 2.74　定控制线示例

图 2.75　垫片

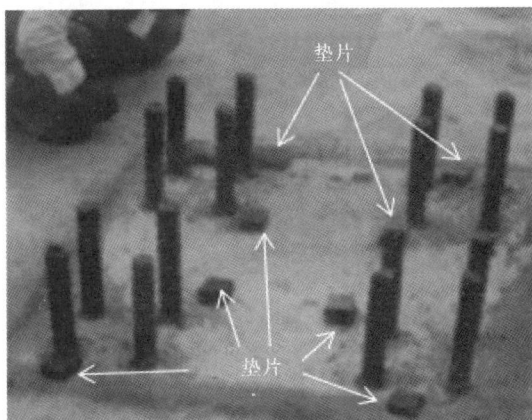

图 2.76　柱底垫片放置示例

③ 预制柱采用一点竖向起吊(图 2.77),单个吊点位于柱顶中央,由生产厂家预留。现场采用单腿锁具吊住预制柱吊点,由专人负责挂钩,待挂钩人员撤离至安全区域时,由

下面信号工确认构件四周安全情况,确认无误后进行试吊,指挥缓慢起吊。起吊到距离地面 0.5 m 左右时,进行起吊装置安全确认,确定起吊装置安全后,继续起吊作业。至安装位置后由两个人扶正就位(图 2.78),两人检查预留筋对正预留孔后缓慢下落。钢筋对孔情况由工人配用反光镜进行调整(图 2.79)。

图 2.77 一点竖向起吊　　图 2.78 两个人扶正就位　　图 2.79 用镜子检查钢筋对孔情况

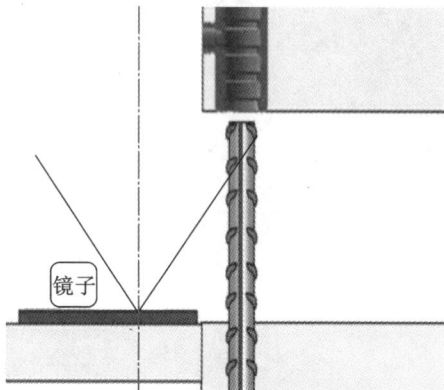

④ 构件调节及就位。

柱部品放置在板面上后应与板面上的预先弹放的柱控制两边线吻合。柱子安装初步就位后,对柱子进行微调,确保预制部品调整后标高一致、进出一致、板缝间隙一致,并确保柱的垂直度。

(5)安装斜撑。

① 柱体落稳后核对标高、轴线,准确无误后安装固定斜撑。

② 应用固定斜撑的微调功能调节柱的垂直度。

③ 应安装以拉压两种功能为主的斜撑,一根柱体上不少于 2 个(即纵、横两向),同时固定于柱体相邻两侧,安装时要留出过道,便于其他物品的运输,如图 2.80、图 2.81 所示。

④ 柱体斜撑与楼面之间的连接采用膨胀螺栓或楼面预埋螺杆。

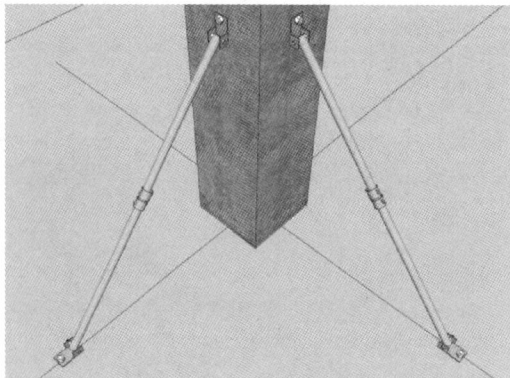

图 2.80 柱斜撑安装　　　　图 2.81 柱斜撑安装模型

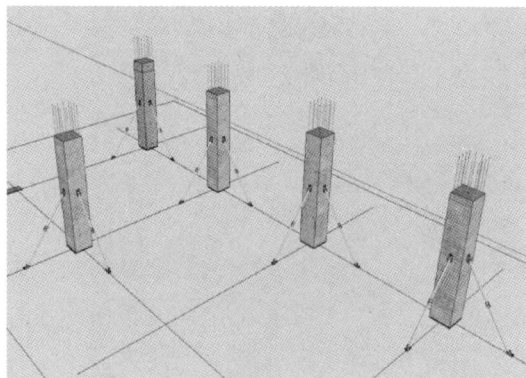

(6)校正。

柱部品垂直度调节采用可调节斜拉杆(图 2.82),每一块预制部品在相邻两侧设置 2 道可调节斜拉杆,斜拉杆后端均牢靠固定在结构楼板上。斜拉杆顶部设有可调螺纹装置,通过旋转杆件,可以对预制部品顶部形成推拉作用,起到调节柱部品垂直度的作用。部品垂直度通过靠尺杆来进行复核。每根柱吊装完成后须复核,每个楼层吊装完成后须统一复核。每个流水段预制柱构件抽样不少于 10 个点,且不少于 10 个构件。

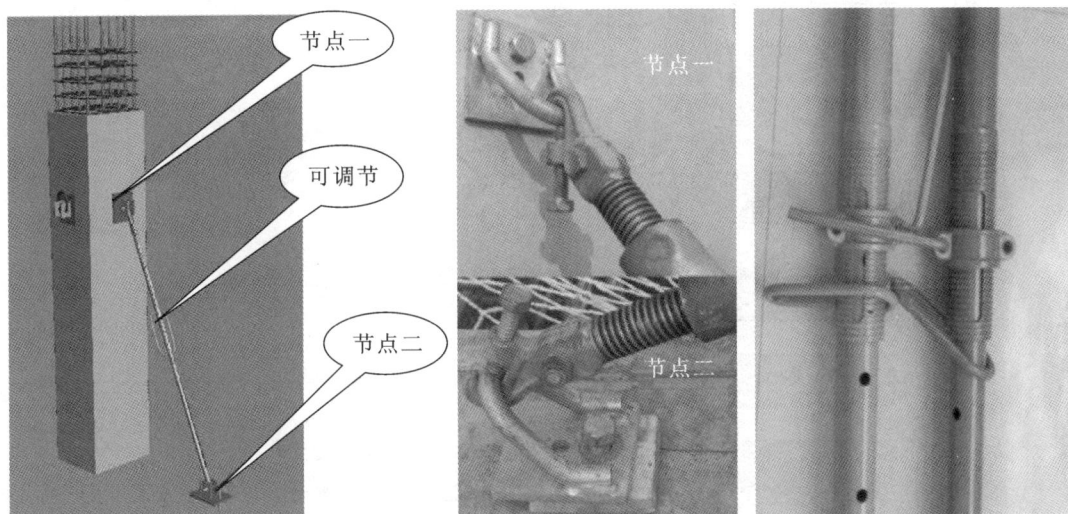

图 2.82　可调节斜拉杆构造

(二) 墙板安装

1. 工艺流程

墙板安装工艺流程如图 2.83 所示。

2. 施工要点

(1) 测量定位。

楼面混凝土上强度后,清理结合面,根据定位轴线,在已施工完成的楼层板面上放出预制墙体定位边线及 200 mm 控制线(图 2.84),并做好 200 mm 控制线的标识,在预制墙体上弹出 1000 mm 水平控制线,方便施工操作及墙体控制。

(2) 预留钢筋校正。

使用钢筋定位控制钢套板对板面预留竖向钢筋进行复核(图 2.85),检查预留钢筋位置、垂直度、预留长度是否准确,对不符合要求的钢筋进行校正,偏位的要及时进行调整,确保上层预制墙体内的套筒与下一层的预留插筋能够顺利对孔。

(3) 垫片找平。

预制墙板下口与楼板间设计有约 20 mm 缝隙(灌浆用),同时为保证墙板上下口齐平,每块墙板下部四个角部根据实测数值放置相应高度的垫片进行标高找平(1 mm、3 mm、5 mm、10 mm、20 mm 等型号的钢垫片),并防止垫片移位(图 2.86)。垫片安装应注意避免堵塞注浆孔及灌浆连通腔。

(4) 安装墙板定位七字码。

七字码设置于预制墙体底部(图 2.87),主要用于加强预制墙体与主体结构的连接,确保灌浆和后浇混凝土浇筑时,墙体不产生位移。每块墙板应安装不少于 2 个七字码,间距不大于 4 m。七字码安装定位需注意避开预制墙板灌、出浆孔位置,以免影响灌浆作业。

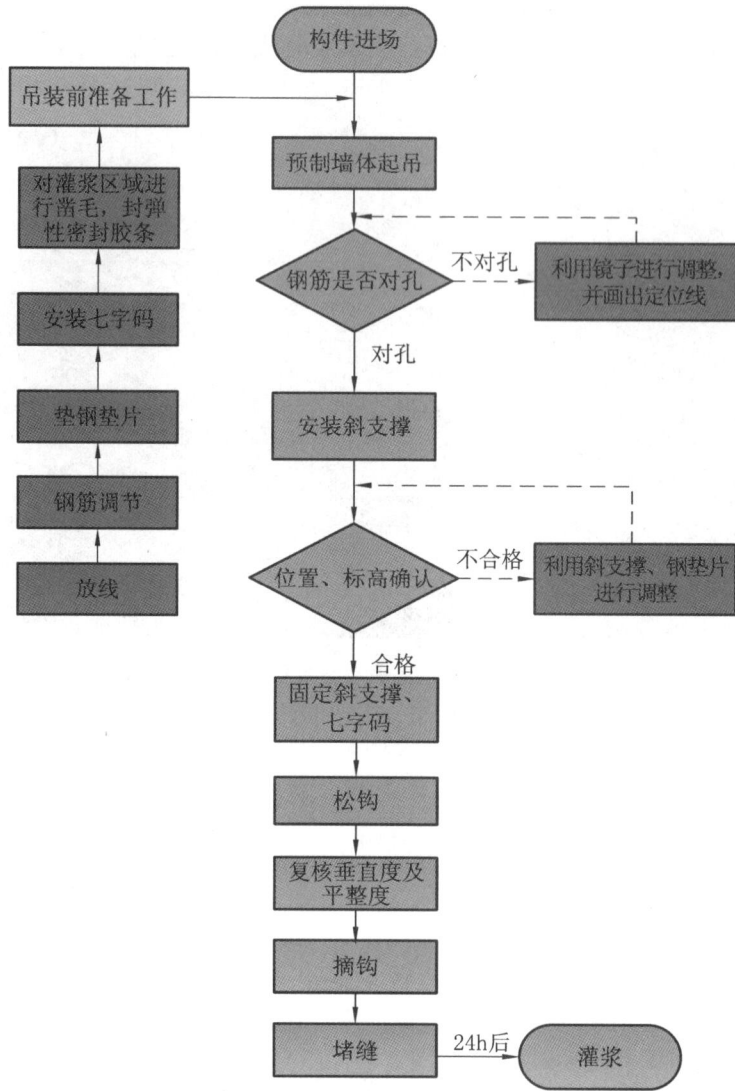

图 2.83   墙板安装工艺流程

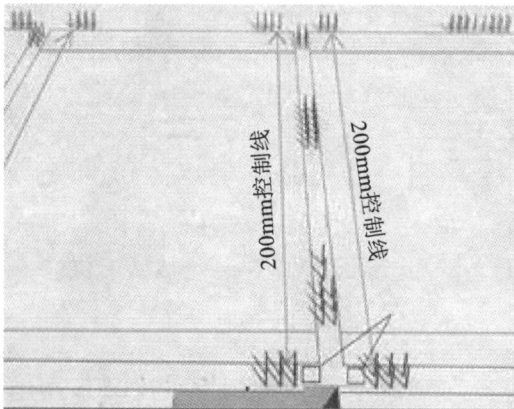

图 2.84   控制线测设

图 2.85   钢筋定位控制钢套板

图 2.86 用垫片找平并复核标高

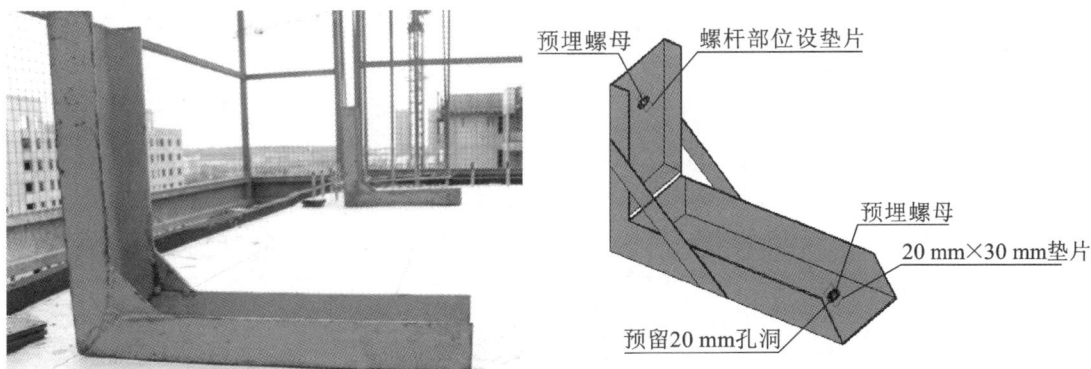

预埋螺母　螺杆部位设垫片

预埋螺母

20 mm×30 mm垫片

预留20 mm孔洞

图 2.87 七字码设置

　　楼面七字码采用膨胀螺栓进行安装,安装时需与安装处楼面板预埋管线及钢筋位置、板厚等因素进行综合考虑,避免损坏、打穿、打断楼板预埋线管、钢筋、其他预埋装置等。墙板上的固定点为预埋件,而楼板面固定点为后置膨胀螺栓,只能等墙板就位后,再根据墙板上的预埋件位置安装七字码,这样一来,七字码就起不到为构件吊装定位的作用,建议两个固定点都采用后置膨胀螺栓固定,或两个均为预埋(但七字码上的孔应适当开大,方便调节)。

　　(5)墙板起吊。

　　吊装时设置2名信号工,起吊处1名,吊装楼层上1名。另外墙吊装时配备1名挂钩人员,楼层上配备3名安放及固定外墙人员。

　　吊装前由质量负责人核对墙板型号、尺寸,检查质量无误后,由专人负责挂钩,待挂钩人员撤离至安全区域时,由信号工确认构件四周安全情况,确认无误后进行试吊,指挥缓慢起吊,起吊到距离地面0.5 m左右时,塔吊起吊装置确定安全后,继续起吊。

　　(6)墙板安装。

　　待墙体下放至距楼面0.5 m处,根据预先定位的导向架及控制线微调,微调完成后缓缓下放。由2名专业操作工人手扶引导降落(工作面上的吊装人员提前按构件就位线和标高控制线及预埋钢筋位置调整好,将垫铁准备好,构件就位至控制线内时放置垫铁),如图2.88所示。降落至100 mm时,1名工人利用镜子观察连接钢筋是否对孔

(图 2.89)。

图 2.88　墙板吊装就位示例　　　图 2.89　用镜子观察墙板连接钢筋对孔情况

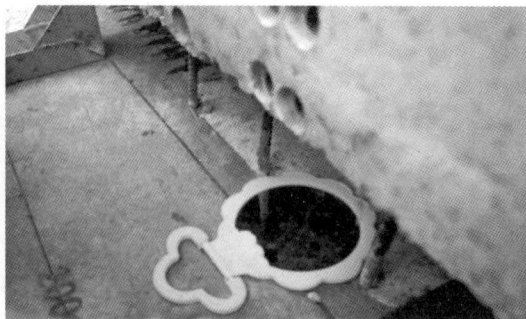

（7）墙体标高的控制。

预制外墙吊装前在墙体内侧弹出 500 mm 控制线,墙体吊装完成后此控制线距楼层标高为 500 mm。500 mm 控制线主要做法依据:保证预制墙体吊装完成后墙体上口内侧标高控制在±3 mm 以内,有门窗洞口的墙体保证洞口定位在±3 mm 以内。

弹线方法:以无门窗预制墙体高度 2750 mm 为例,从墙体顶部两侧测量 x、y 长度,以 2270 mm 长度控制(图 2.90);有门窗洞口墙体需再考虑洞口定位弹线,墙体吊装之前在室内架设激光扫平仪,扫平标高为 500 mm,墙体定位完成缓慢降落过程中通过激光线与墙体 500 mm 控制线进行校核,墙体下部通过调节钢垫片进行标高调节,直至激光线与墙体 500 mm 控制线完全重合(图 2.91)。

图 2.90　无门窗墙体标高控制线测设方法

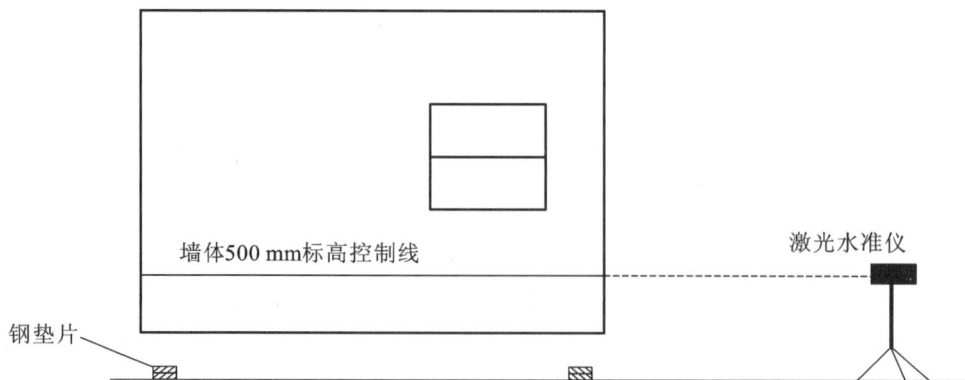

图 2.91　有门窗墙体标高控制线测设方法

（8）支撑体系的安装。

墙体停止下落后,由专人安装斜支撑和七字码(图 2.92),利用斜支撑和七字码固定并调整预制墙体,确保墙体安装垂直度。构件调整完成后,复核构件定位及标高无误后,由专人负责摘钩,斜支撑最终固定前,不得摘除吊钩(预制墙体上需预埋螺母,以便使斜支撑固定)。斜支撑固定完成后在墙体底部安装七字码,用于加强墙体与主体结构的连接,确保后续作业时墙体不产生位移。每块墙体安装两根可调节斜支撑和两个七字码。也可采用两道斜撑固定方式,七字码用斜撑代替。

图 2.92　斜支撑及七字码安装

（9）墙板校正。

预制墙板校正包括平面定位校正、垂直度校正及标高校正等,具体如下。

① 平行墙板方向水平位置校正措施:通过在楼板面上弹出墙板边界线进行墙板位置校正,墙板按照边界线就位。若水平位置有偏差需要调节,则可利用小型千斤顶在墙板侧面进行微调,也可采用撬棍微调。

② 垂直墙板方向水平位置校正措施:利用短斜撑调节杆,对墙板根部进行微调来控制墙板的水平位置,也可采用撬棍微调。

③ 墙板垂直度校正措施:待墙板水平就位调节完毕后,利用长斜撑调节杆,通过可调节装置调节墙板顶部的水平位移来控制其垂直度(图 2.93、图 2.94)。

图 2.93　工人正在进行墙板垂直度调整

图 2.94　工人正在进行墙板垂直度检查

④ 墙板标高校正措施:墙板标高宜采用 1 mm 厚钢垫片进行校正。

(10) 分仓、封仓。

墙体校正完后进行墙板底座分仓(图 2.95)和封仓(图 2.96)。

① 分仓长度的要求。采用电动灌浆泵灌浆时,一般单仓长度不超过 1 m。在经过实体灌浆试验确定可行后可延长,但不宜超过 3 m。采用手动灌浆枪灌浆时,单仓长度不宜超过 0.3 m。分仓隔墙宽度应不小于 2 cm,为防止遮挡套筒孔口,距离连接钢筋外缘应不小于 4 cm。

② 封仓的要求。采用坐浆料进行封仓,封边砂浆应饱满密实,与墙板底面及结合面应黏结牢固。封边完成后应对砂浆进行养护,封边砂浆须制作试块作为同条件试块进行养护。封边砂浆抗压强度达到 20 MPa 以上且与上下面混凝土黏结牢固后,方可进行灌浆施工。

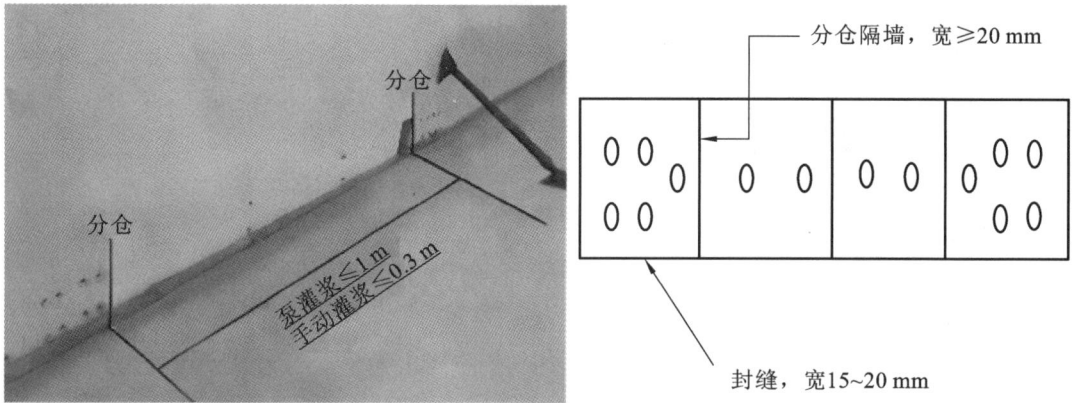

图 2.95　分仓位置示例

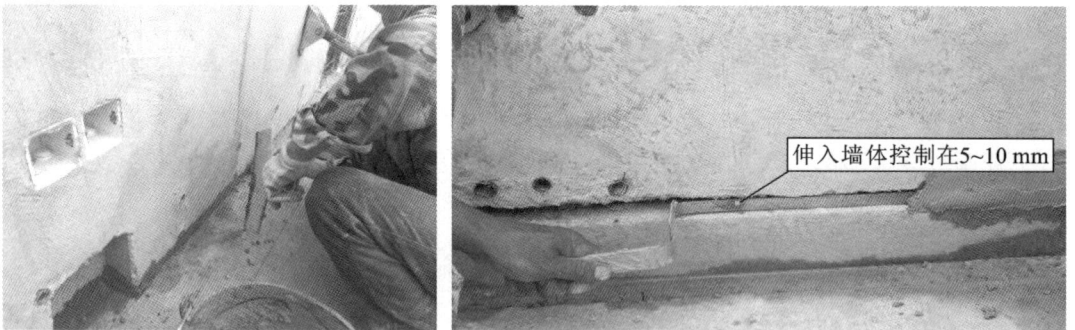

图 2.96　封仓施工示例

(11) 钢筋套筒灌浆施工。

① 灌浆料制作。

先加入指定量拌和水,再加入 70% 干粉料高速搅拌 1 分钟,接着加入剩余 30% 干粉料继续高速搅拌 2 分钟,搅拌结束后静置 2 分钟后方可使用,如图 2.97~图 2.100 所示。

② 初始流动度测试。使用前应使用截锥圆模进行初始流动度测试,如图 2.101所示。

浆料倒满截锥圆桶后用双手均匀缓慢提升截锥圆模,让浆料自由流动,如图 2.102所示。

图 2.97 加入指定量拌和水

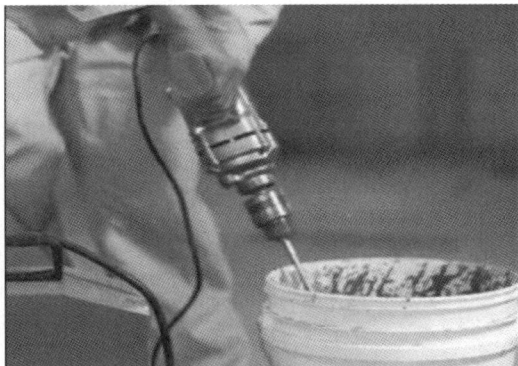

图 2.98 加入 70%干粉料搅拌

图 2.99 加入剩余 30%干粉料

图 2.100 搅拌结束后静置 2 分钟

用钢尺进行流动度测量,即时流动度大于或等于 300 mm,如图 2.103 所示。

图 2.101 将浆液倒入截锥圆模

图 2.102 均匀缓慢提升截锥圆模

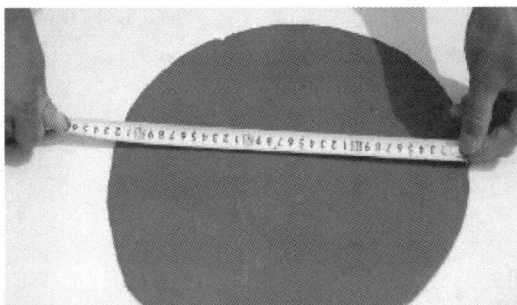

图 2.103 测量即时流动度

③ 灌浆。

向灌浆设备装料斗(桶)内加入清水并启动灌浆设备,对装料斗(桶)和注浆喷嘴进行冲洗和润滑处理,持续开动灌浆设备,直至把所有的水从装料斗(桶)和注浆喷嘴中排出;将套筒灌浆料拌和物倒入灌浆设备装料斗(桶)并启动灌浆设备,直至圆柱状套筒灌浆料拌和物从注浆喷嘴连续流出,方可灌浆。过程如图 2.104～图 2.107 所示。

图 2.104 拌和物倒入灌浆设备

图 2.105 封堵溢浆孔

图 2.106 注浆施工

图 2.107 完成注浆

④ 现场灌浆料试块制作。每工作班(每层)不少于 1 组标准养护试块,试块大小为 40 mm×40 mm×160 mm,测试 28 天抗压强度,如图 2.108、图 2.109 所示。

图 2.108 浆料试模

图 2.109 浆料试块

⑤ 清理灌浆设备和场地。如图 2.110 所示,灌浆完成后,应将灌浆设备装料斗(桶)装满水,启动灌浆设备,直至清洁的水从注浆喷嘴流出并排尽,方可关闭灌浆设备。灌浆工作面上散落的浆料及垃圾应及时清理干净,回收的浆料不得二次使用。

图 2.110　场地清理

(三) 叠合梁安装

1. 工艺流程

叠合梁安装工艺流程如图 2.111 所示。

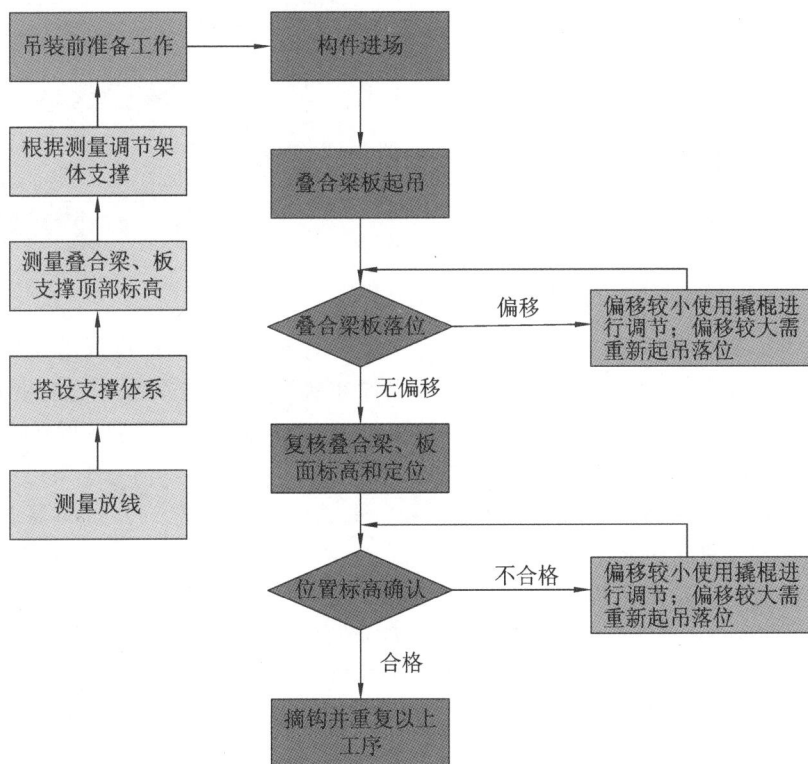
图 2.111　叠合梁安装工艺流程

2. 施工要点

(1) 测量定位。

① 根据引入施工作业区的标高控制点,用水平仪测设出叠合梁安装位置处的水平控

制线,水平线宜设在作业区的支撑体系的立杆上 1000 mm 处,并做好标记(一般用彩色笔和彩色电工胶带做出标记),同一作业区的水平控制线应该重合,根据水平控制线木工搭设出叠合梁梁底钢管脚手架。

② 叠合梁吊装前梁底标高、梁边线控制线在校正完的钢管支撑架上标记,梁边线控制线用墨斗线在地面弹出。

③ 根据轴线,将梁端控制线用线锤、激光墨线仪等测量到钢管架体上,并做好明显标识,便于预制梁检查、就位。

(2) 梁支撑搭设。

预制叠合梁的支撑宜采用可调式独立钢支撑体系(图 2.112)。但采用装配式结构独立钢支撑系统的支撑高度不宜大于 4 m,当支撑高度大于 4 m 时,宜采用满堂钢管支撑脚手架体系。

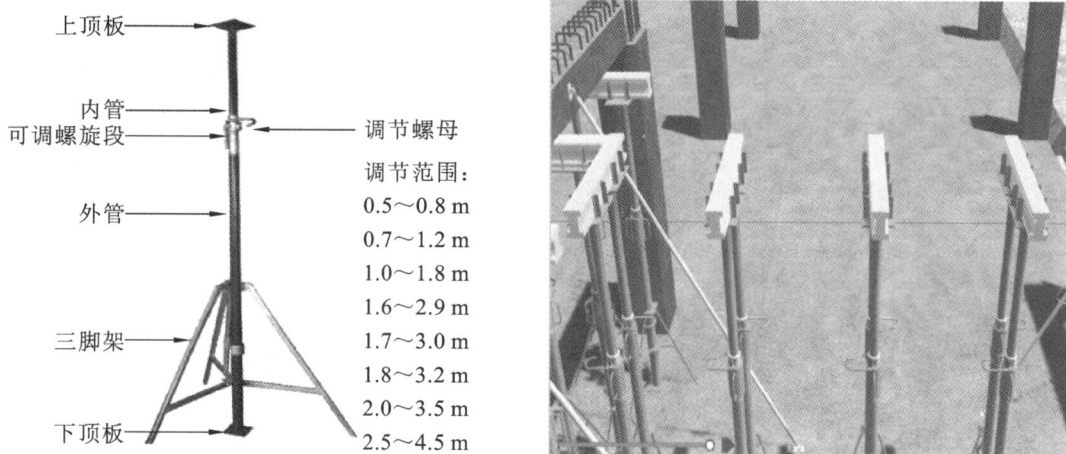

图 2.112 可调式独立钢支撑

可调式独立钢支撑体系施工前应编制专项施工方案,并应经审核批准后实施。施工方案应包括工程概况、编制依据、独立钢支柱支撑布置方案、施工部署、施工检测、搭设与拆除、施工安全质量保证措施、计算书及相关图纸等,并应按照钢支撑上的荷载及钢支撑容许承载力计算钢支撑的间距和位置。

可调式独立钢支撑体系搭设前,项目技术负责人应按专项施工方案的要求对现场管理人员和作业人员进行技术和安全作业交底。

可调式独立钢支撑的搭设场地应坚实、平整,底部应做找平夯实处理,地基承载力应满足受力要求,并应有可靠的排水措施,防止积水浸泡地基。独立钢支撑立柱搭设在地基土上时,应加设垫板,垫板应有足够的强度和支撑面积,垫板下如有空隙应予垫平垫实。

根据结构施工支撑体系专项施工方案及支撑平面布置图,在楼面放出支撑点位置。可调式独立钢支撑应垂直安装,尽量避免受负载荷。

支撑安装先利用手柄将调节螺母旋至最低位置,将上管插入下管至接近所需的高度,然后将销子插入位于调节螺母上方的调节孔内,把可调钢支顶移至工作位置,搭设支架上部工字钢梁,旋转调节螺母,调节支撑使铝合金工字钢梁上口标高至叠合梁底标高(图 2.113、图 2.114),待预制梁底支撑标高调整完毕后进行吊装作业。

图 2.113　工字梁与支撑连接节点

图 2.114　工字梁

（3）叠合梁吊装。

支撑体系搭设完毕后，按照施工方案制定的安装顺序，将有关型号、规格的预制梁配套码放，在预制叠合梁两端弹好定位控制轴线（或中线），理顺、调直两端伸出的钢筋。

在预制柱已吊装加固完成的开间内进行预制叠合梁吊装作业（图 2.115、图 2.116）。梁吊装宜遵循先主梁后次梁的原则，分间吊装预制叠合楼板。应按照图纸上的规定或施工方案中所确定的吊点位置，进行挂钩和锁绳。注意吊绳的夹角一般不得小于 45°。如使用吊环起吊，必须同时拴好保险绳。当采用兜底吊运时，必须用卡环卡牢。挂好钩绳后缓缓提升，绷紧钩绳，离地 500 mm 左右时停止上升，认真检查吊具是否牢固，拴挂是否安全可靠，确认后方可吊运就位。

图 2.115　预制梁安装

图 2.116　预制梁固定完毕

当梁初步就位后，两侧借助柱头上的梁定位线将梁精确校正，在调平同时将下部可调支撑上紧，这时方可松去吊钩。主梁吊装结束后，根据柱上已放出的梁边和梁端控制线，检查主梁上的次梁缺口位置是否正确，如不正确，需做相应处理后方可吊装次梁，梁在吊装过程中要按柱对称吊装。

（四）预制叠合楼板安装

1. 工艺流程

预制叠合楼板安装工艺流程如图 2.117 所示。

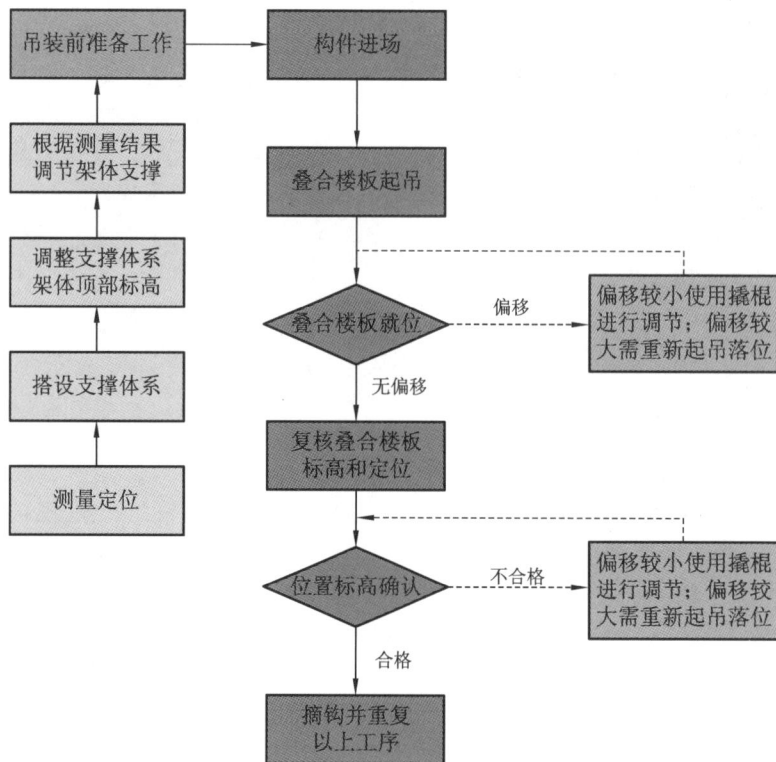

图 2.117　预制叠合楼板安装工艺流程

2. 施工要点

(1) 测量定位。

墙体楼面混凝土上强度后,清理楼面,并根据结构平面布置图,放出定位轴线及叠合楼板定位控制边线,做好控制线标识。

(2) 板支撑搭设。

预制叠合板的支撑体系可采用可调式独立钢支撑体系(图 2.118,方法见梁支撑搭设)。但采用装配式结构独立钢支撑系统的支撑高度不宜大于 4 m,当支撑高度大于 4 m时,宜采用满堂钢管支撑脚手架体系(图 2.119)。

图 2.118　可调式独立钢支撑搭设

图 2.119　满堂架支撑

支撑方案须满足承载力、刚度及稳定性设计要求,支撑布置须满足构件在施工荷载不利效应组合状态下的承载力、挠度要求。模板及支撑严格根据施工设计要求及施工方案设置。采用门式、碗扣式、盘扣式等钢管架搭设的支架,应采用支架立柱杆端插入可调托座的中心传力方式,其承载力、刚度、抗倾覆按国家现行相关标准规定进行验算。

支撑安装之前地面应清理干净,按照支撑布置图放出立柱控制线,保证安装位置准确。

支撑的间距及其与墙、梁边的净距须经过设计计算确定,竖向连接支撑层数不宜少于 2 层且上下层支撑宜对准。支撑应在后浇混凝土强度达到设计要求后方可拆除。

(3) 叠合板吊装。

① 起吊:工人需核对板号无误后,安装卸扣和缆风绳,待工人行至安全位置后,再使用塔式起重机将叠合板从车上慢慢起吊(图 2.120)。叠合板吊装时,使用设计吊点(叠合板长度大于等于 2.72 m 时采用 6 点吊装,小于 2.72 m 时采用 4 点吊装)进行吊装,吊索水平夹角不宜小于 60°,不应小于 45°,不允许人为减少吊点数量。

叠合板吊装过程中,在作业层上空 500 mm 处略作停顿,根据叠合板位置调整叠合板方向进行定位。吊装过程中注意避免叠合板上的预留钢筋与叠合梁箍筋碰撞,叠合板停稳慢放,以免吊装放置时冲击力过大导致板面损坏(图 2.121)。

图 2.120　叠合板起吊

图 2.121　叠合板即将就位

② 初步定位:按顺序根据梁上所放出的楼板侧边线及支撑标高,缓慢下降落在支撑架上。安装就位时,一定要注意按箭头方向落位,同时观察楼板预留孔洞与水电图纸的相对位置(以防止构件厂将箭头编错)。叠合板安装时短边深入梁上 10 mm,叠合板长边与梁或板与板拼缝见设计图纸。

③ 校正:根据控制线以及标高精确调整构件的水平位置、标高、垂直度,使误差控制在允许范围内。

根据预制墙体上弹出的水平控制线及竖向楼板定位控制线,校核叠合楼板水平位置及竖向标高情况。通过调节竖向独立支撑,确保叠合楼板满足设计标高及质量控制要求;通过撬棍调节叠合楼板水平定位(图 2.122),确保叠合楼板满足设计图纸水平定位及质量控制要求。调整楼板水平定位时,撬棍应配合垫木使用,避免损伤预制楼板边角。

校正完成后应检查楼板吊装定位是否与定位控制线存在偏差(图 2.123)。采用铅垂和靠尺进行检测,如偏差仍超出设计及质量控制要求,或偏差影响到周边叠合梁、叠合楼板的吊装,应对该叠合楼板进行重新起吊落位,直到通过检验为止。

图 2.122　叠合楼板用撬棍进行校正

图 2.123　叠合楼板安装就位

④ 取钩:检查下面支撑及板的拼缝,使所有支撑杆件受力基本一致,板底拼缝高差小于 3 mm,确认后取钩。

(五)楼梯安装

1. 工艺流程

楼梯安装工艺流程如图 2.124 所示。

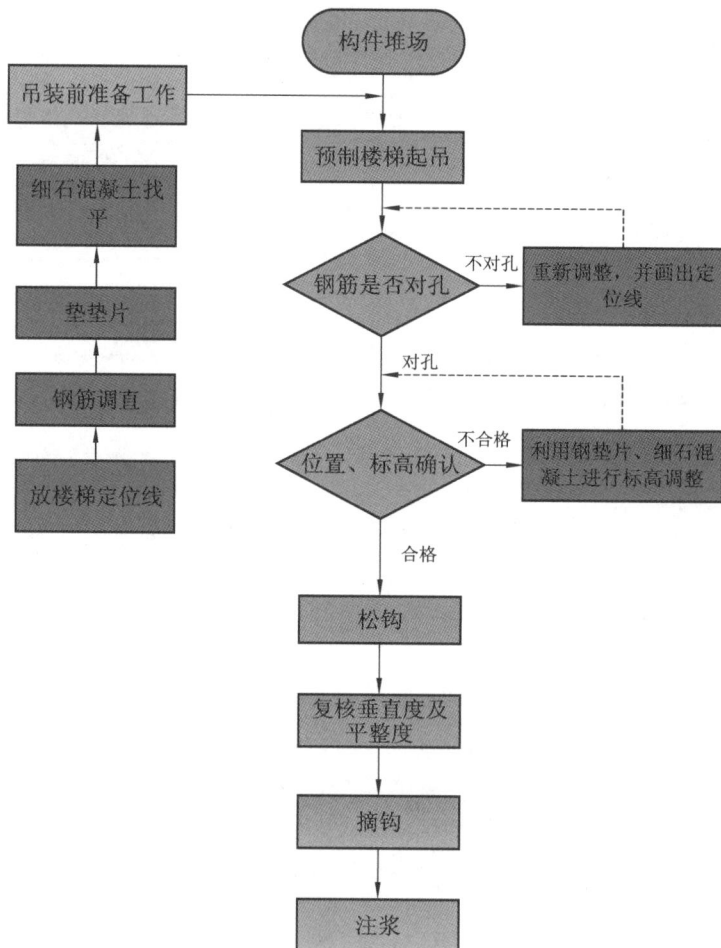

图 2.124　楼梯安装工艺流程

2. 施工要点

（1）基层处理、坐浆（图 2.125）。梯板吊装之前，为保证梯板的平整度，需对预制楼梯与结构板面连接处进行清理，并用水泥砂浆进行找平，消除梯板与结构之间的缝隙。

（2）起吊（图 2.126）。预制楼梯采用四点吊，配合倒链下落就位调整索具铁链长度，使楼梯段休息平台处于水平位置；试吊预制楼梯板，检查吊点位置是否准确，吊索受力是否均匀等，试吊高度不应超过 1 m。

图 2.125　楼梯梁坐浆

图 2.126　楼梯起吊

（3）就位（图 2.127）。楼梯间周边梁板叠合后，测量并弹出相应楼梯构件端部和侧边的控制线。安装时将楼梯吊至梁上方 30～50 cm 后，调整楼梯位置使上下平台锚固筋与梁箍筋错开，板边线基本与控制线吻合。用就位协助设备等将构件根据控制线精确就位，先保证楼梯两侧准确就位，再使用水平尺和导链调节楼梯水平度，最后缓缓放下楼梯。

（4）校正（图 2.128）。楼梯板基本就位后，根据控制线，利用撬棍微调、校正。预留螺栓和预制楼梯端部的预留螺栓孔一定要确保居中对正。

图 2.127　楼梯就位

图 2.128　楼梯校正

(六) 阳台板、空调板安装

1. 工艺流程

阳台板、空调板安装工艺流程:基层清理→弹线处理→阳台板、空调板支撑安装并与结构内侧拉结牢固→板底支撑标高调整→阳台板、空调板吊装→校核阳台板、空调板标高及位置→阳台板、空调板临时性拉结牢固→阳台板、空调板钢筋与梁板钢筋绑扎牢固→梁板混凝土浇筑→混凝土达到规定强度,拆除支撑。

2. 施工要点

(1) 测量定位。

根据施工图纸将阳台的水平位置线及标高弹出,并对控制线及标高进行复核。

(2) 竖向支撑安装(图 2.129、图 2.130)。

阳台板、空调板的竖向支撑应选用合适的支撑体系并经计算确定,首先进行阳台板、空调板支撑部位放线,安装预制阳台板、空调板下支撑。调节支撑上部的支撑梁至板底标高位置后,将支撑与墙体内侧结构拉结固定,防止构件倾覆,确保安全可靠。

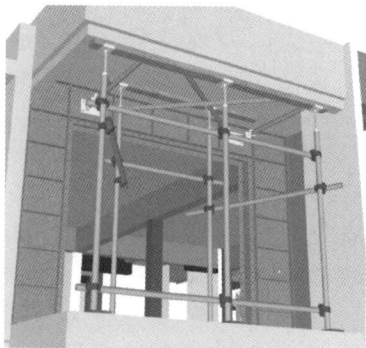

图 2.129 竖向支撑示例(1)

图 2.130 竖向支撑示例(2)

(3) 吊装。

构件起吊时应使每个吊钩同时受力,吊绳与平面的夹角应不小于 45°。当构件吊至离楼板上平面 300~500 mm 时暂停,就位时使构件先对准墙上边线,然后根据外挑尺寸控制线,确定压墙距离轻轻放稳(如设计无要求,压入墙内不少于 10 cm),挑出部分放在临时支撑上。阳台板和空调板起吊、就位示例如图 2.131~图 2.134 所示。

图 2.131 阳台板起吊示例

图 2.132 阳台板就位前状态

图 2.133　阳台板就位示例

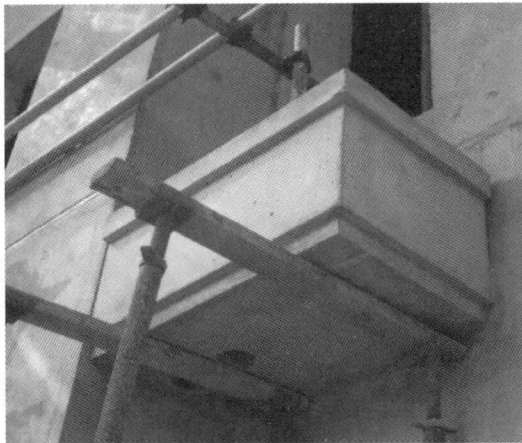

图 2.134　空调板就位示例

（4）校正。

构件放稳后如发现错位,应用撬棍垫木块轻轻移动,将构件调整到正确位置,使锚固钢筋与已完成结构预留筋错开,然后进行安装就位。安装时动作要缓慢,构件边线与控制线闭合。已安装完的各层阳台、通道板上下要垂直对正,水平方向顺直,标高一致。

（5）钢筋锚固连接。

构件就位后,应将内边梁上的预留环筋理直并与圈梁钢筋绑扎。侧挑梁的外伸钢筋还应搭接焊锚固钢筋,锚固钢筋的型号、规格、长度和焊接长度均应符合设计及构件标准图集的要求。

项目三　屋面及防水工程

任务一　屋面及防水工程基本知识

任务目标

了解屋面及防水工程的工作原理，了解施工前准备机具、事项。

一、防水工程的分类

防水工程是房屋建筑的一项重要的工程。建筑防水施工质量的优劣，不仅关系到建筑物的使用寿命，而且直接影响到人们生产、生活的正常进行。建筑工程防水按其部位可分为屋面防水、地下防水、卫生间防水等。按其构造做法又可分为结构构件的刚性自防水和用各种防水卷材、防水涂料作为防水层的柔性防水。

1. 屋面防水

屋面防水工程一般包括屋面卷材防水、屋面涂膜防水、屋面刚性防水、瓦屋面防水、屋面接缝密封防水。《屋面工程技术规范》(GB 50345—2012)根据建筑物的性质、重要程度等，将屋面防水分为两个等级，并按不同等级进行设防，见表 3-1。

表 3-1　屋面防水等级和设防要求

项　　　目	屋面防水等级	
	I	II
建筑物类别	重要的建筑和高层建筑	一般建筑
防水层选用材料	宜选用合成高分子防水卷材、高聚物改性沥青防水卷材、金属板材、合成高分子防水涂料、细石混凝土等材料	宜选用高聚物改性沥青防水卷材、合成高分子防水卷材、金属板材、合成高分子防水涂料、高聚物改性沥青防水涂料、细石混凝土、平瓦、油毡瓦等材料
设防要求	二道或二道以上防水设防	一道防水设防

2. 地下防水工程

防水工程是防止地下水对地下构筑物、基础的长期浸透，保证地下构筑物使用功能的重要分项工程。由于地下工程可能长期受地下水(地表水、上层滞水、潜水)作用，防水技术难度更大，要求更高。"防、排、截、堵相结合，刚柔相济，因地制宜，综合治理"的原则是我国建筑防水技术发展至今的实践经验总结。地下防水工程的设计和施工应遵循这一原则,并根据建筑功能及使用要求,按现行规范正确划定防水等级,合理确定防水方案。

现行规范规定地下工程防水等级及其相应的适用范围见表 3-2。

表 3-2　地下工程防水等级及其适用范围

防水等级	标准	适用范围
一级	不允许渗水,结构表面无湿渍	人员长期停留的场所;因有少量湿渍会使物品变质、失效的贮物场所及严重影响设备正常运转和危及工程安全运营的部位;极重要的战备工程
二级	不允许漏水,结构表面可有少量湿渍 工业与民用建筑:总湿渍面积不应大于总防水面积(包括顶板、墙面、地面)的 1/1000;任意 100 m^2 防水面积上的湿渍不超过 1 处,单个湿渍的最大面积不大于 0.1 m^2 其他地下工程:总湿渍面积不应大于总防水面积的 6/1000;任意 100 m^2 防水面积上的湿渍不超过 4 处,单个湿渍的最大面积不大于 0.2 m^2	人员经常活动的场所;在有少量湿渍的情况下不会使物品变质、失效的贮物场所及基本不影响设备正常运转和工程安全运营的部位;重要的战备工程
三级	有少量漏水点,不得有线流和漏泥砂 任意 100 m^2 防水面积上的漏水点数不超过 7 处,单个漏水点的最大漏水量不大于 2.5 L/d,单个湿渍的最大面积不大于 0.3 m^2	人员临时活动的场所;一般战备工程
四级	有漏水点,不得有线流和漏泥砂 整个工程平均漏水量不大于 2 L/(m^2·d);任意 100 m^2 防水面积的平均漏水量不大于 4 L/(m^2·d)	对渗漏水无严格要求的工程

3. 室内防水工程

卫生间、厨房等部位面积小,穿墙管道长期处于潮湿受水状态,是建筑物中的重要防水工程部位。厕浴间、厨房等室内的楼地面应优先选用涂料或刚性防水材料在迎水面做防水处理,也可选用柔性较好且易于与基层粘贴牢固的防水卷材。墙面防水层宜选用刚性防水材料或经表面处理后与粉刷层有较好结合性的其他防水材料。

二、防水工程的施工准备

(一) 防水施工的材料准备

1. 基层处理剂

基层处理剂是为了增强防水材料与基层之间的黏结力,在防水层施工前预先涂刷在基层上的稀质涂料。常用的基层处理剂有冷底子油及高聚物改性沥青卷材和合成高分子卷材配套的底胶,它应与卷材的材性相容,以免与卷材发生腐蚀或黏结不良。

(1)冷底子油。

屋面工程采用的冷底子油是由 10 号或 30 号石油沥青溶解于柴油、汽油、二甲苯或甲苯等溶剂中而制成的溶液(图 3.1)。其配合比参见表 3-3。冷底子油可涂刷在水泥砂浆、混凝土基层或金属配件的基层上作为基层处理剂,可使基层表面与卷材沥青胶结料之间形成一层胶质薄膜,以此来提高其胶结性能。

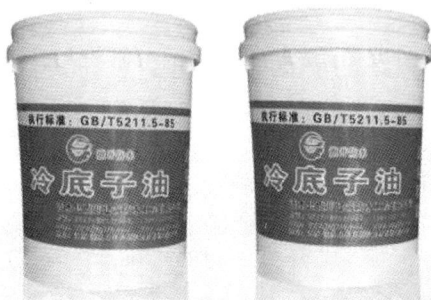

图 3.1　冷底子油

表 3-3　冷底子油配合比(重量比)参考表

种类	10 号或 30 号石油沥青/(%)	溶剂	
		轻柴油或煤油/(%)	汽油/(%)
慢挥发性	40	60	
快挥发性	50	50	
速干性	30		70

(2)卷材基层处理剂。

卷材基层处理剂主要用于高聚物改性沥青和合成高分子卷材的基层处理,一般采用合成高分子材料进行改性,基本上由卷材生产厂家配套供应,如适用于高聚物改性沥青卷材的氯丁胶沥青乳胶、橡胶改性沥青溶液,适用于合成高分子的二甲苯溶液、氯丁胶沥青乳胶。

2.胶黏剂

(1)沥青胶结材料(玛蹄脂)。

沥青胶结材料,一般采用两种或三种牌号的沥青按一定配合比熔合,经熬制脱水后,掺入适当品种和数量的填充料配制而成,常用于沥青卷材施工。

(2)合成高分子卷材胶黏剂。

用于粘贴卷材的胶黏剂可分为卷材与基层粘贴的胶黏剂及卷材与卷材搭接的胶黏剂。胶黏剂均由卷材生产厂家配套供应,常用合成高分子卷材配套胶黏剂。合成高分子卷材胶黏剂常用于合成高分子卷材施工(表 3-4)。合成高分子卷材胶黏剂的黏结剥离强度不应小于 15 N/10 mm,浸水后黏结剥离强度保持率不应小于 70%。

表 3-4　部分合成高分子卷材的胶黏剂

卷材名称	基层与卷材胶黏剂	卷材与卷材胶黏剂	表面保护层涂料
三元乙丙-丁基橡胶卷材	CX-404 胶	丁基黏结剂 A、B 组分(1∶1)	水乳型醋酸乙烯-丙烯酸酯共聚,油溶型乙丙橡胶和甲苯溶液
氯化聚乙烯卷材	BX-12 胶黏剂	BX-12 组分胶黏剂	水乳型醋酸乙烯-丙烯酸酯共混,油溶型乙丙橡胶和甲苯溶液
LYX-603 氯化聚乙烯卷材	LYX-603-3(3 号胶) 甲、乙组分	LYX-603-2 (2 号胶)	LYX-603-1(1 号胶)
聚氯乙烯卷材	FL-5 型(5～15℃时使用) FL-15 型(15～40℃时使用)		

（3）黏结密封胶带。

黏结密封胶带用于合成高分子卷材与卷材间的搭接黏结和封口黏结,分为双面胶带和单面胶带,常用于合成高分子卷材施工。双面黏结密封胶带技术性能见表 3-5。

表 3-5　双面黏结密封胶带技术性能

名称	7 d 时黏结剥离强度/(N/cm)		剪切强度/(N/mm)	耐热度/(℃,2 h)	低温柔度/℃	黏结剥离强度保持率/(%)		
	23 ℃	−40 ℃				耐水性(70 ℃,7 d)	5%酸(7 d)	碱(7 d)
双面黏结密封胶带	9～19.5	38.5	4.4	80	−40	80	76	90

3.防水卷材

（1）沥青卷材（油毡）。

沥青卷材是用原纸、纤维织物、纤维毡等胎体材料浸涂沥青胶制成的可卷曲的片状防水材料,俗称油毡,常用的有纸胎沥青油毡、玻纤胎沥青油毡。它高低温性能差,尤其是低温性能差,强度低,延伸率小,使用量在逐年减少,部分地区已将其列为淘汰产品。

（2）高聚物改性沥青卷材。

高聚物改性沥青卷材是以合成高分子聚合物（如 SBS、APP、APAO 等）改性沥青为涂盖层,纤维织物或纤维毡为胎体,粉状、粒状、片状或薄膜材料为覆面材料制成的可卷曲片状防水材料（图 3.2）。根据改性材料的种类不同,国内目前使用的高聚物改性沥青卷材的主要品种有 SBS 改性沥青热熔卷材、APP 改性沥青热熔卷材等。高聚物改性沥青卷材具有纵横向拉力大、延伸率好、韧性强、耐低温、耐老化、耐紫外线、耐温差变化、自愈力强、黏合性能好等优良性能,是目前常用的防水卷材,物理性能见表 3-6。常用品牌有"SBS""APP",宽度均为 1 m,厚度为 2～5 mm,长度为 5～20 m,3 mm 及以上厚度可单道设防。

图 3.2 高聚物改性沥青卷材

表 3-6 高聚物改性沥青卷材的物理性能

项　目		性 能 要 求		
		聚酯毡胎体	玻纤胎体	聚乙烯胎体
拉力/(N/50mm)		≥450	纵向≥350,横向≥250	≥100
延伸率/(%)		最大拉力时,≥30	—	断裂时≥200
耐热度/(℃,2h)		SBS 卷材 90,APP 卷材 110, 无滑动、流淌、滴落		PEE 卷材 90, 无流淌、起泡
低温柔度/℃		SBS 卷材-18,APP 卷材-5,PEE 卷材-10 3 mm 厚 r＝15 mm;4 mm 厚 r＝25 mm;3 s 弯 180°,无裂纹		
不透水性	压力/MPa	≥0.3	≥0.2	≥0.3
	保持时间/min	≥30		

注:SBS—弹性体改性沥青防水卷材(低温性能好);APP—塑性体改性沥青防水卷材(高温性能好);PEE—改性沥青聚乙烯胎防水卷材。

（3）合成高分子卷材。

以合成橡胶、合成树脂或它们两者共混体为基料,加入适量的化学助剂和填充料,经不同工序加工而成的卷曲片状防水材料;或将上述材料与合成纤维等复合形成两层或两层以上可卷曲的片状防水材料(无胎体)称为合成高分子防水卷材(图 3.3)。合成高分子卷材具有拉伸强度高、断裂伸长率大、抗撕裂强度高、耐热性能好、低温柔性好、耐腐蚀、耐老化以及可以冷施工等优越性能,目前使用的合成高分子卷材主要有三元乙丙、氯化聚乙烯、聚氯乙烯、氯磺化聚乙烯防水卷材等,物理性能见表 3-7。

表 3-7 合成高分子卷材的物理性能

项　目	性 能 要 求			
	硫化橡胶类	非硫化橡胶类	树脂类	纤维增强类
断裂拉伸强度/MPa	≥6	≥3	≥10	≥9
扯断伸长率/(%)	≥400	≥200	≥200	≥10

项　目		性　能　要　求			
		硫化橡胶类	非硫化橡胶类	树脂类	纤维增强类
低温弯折/℃		−30	−20	−20	−20
不透水性	压力/MPa	≥0.3	≥0.2	≥0.3	≥0.3
	保持时间/min	≥30			
加热收缩率/（%）		<1.2	<2.0	<2.0	<1.0
热老化保持率 [（80±2）℃,168 h]	断裂拉伸强度	≥80%			
	扯断伸长率	≥70%			

图 3.3　合成高分子卷材

（4）屋面保温材料。

屋面防水工程应当选择轻质、多孔、传热系数小的保温材料。根据成品特点和施工工艺的不同,可以把保温材料分为散料式、现场浇筑式和块式。由散料式和现场浇筑式保温材料制成的保温层具有良好的可塑性,还可以用来替代找坡层。块式保温材料(图3.4)具有施工速度快、保温效果好、避免湿作业的优点,在工程中应用得比较广泛。

（5）涂膜防水涂料。

① 高聚物改性沥青防水涂料。高聚物改性沥青防水涂料是以沥青为基料、用高分子聚合物进行改性配制成的水乳型或溶剂型防水涂料,其柔韧性、抗裂性、强度、耐高低温性能及寿命均有较大改善,常见的有氯丁橡胶改性沥青涂料、SBS 改性沥青涂料、APP 改性沥青涂料、再生橡胶改性沥青涂料、PVC 改性煤焦油涂料(图3.5、图3.6)。

② 合成高分子防水涂料。合成高分子防水涂料是以合成橡胶或合成树脂为成膜物质配制成的反应型、水乳型或溶剂型防水涂料,具有高弹性、防水性、耐久性和优良的耐高低温性能。目前工程使用较广泛的为聚氨酯防水涂料(图 3.7),分为单组分涂料与双组分涂料。

图 3.4　块式保温材料

图 3.5　氯丁橡胶防水涂料

图 3.6　SBS 改性沥青防水涂料

图 3.7　聚氨酯防水涂料(双组分)

③ 胎体增强材料。胎体增强材料,亦称加筋材料、加筋布。涂膜防水屋面常用的胎体增强材料有玻璃纤维布(图 3.8)、聚酯纤维无纺布等(图 3.9)。

图 3.8　玻璃纤维布

图 3.9　聚酯纤维无纺布

(二) 防水施工的机具准备

(1) 常用的防水施工工具有扫帚、小平铲(油灰刀,腻子刀)、钢丝刷、油漆刷、皮风箱

（皮老虎）、榔头、錾子等（图 3.10）。

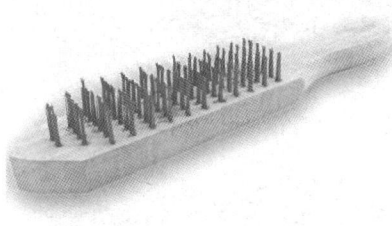

（a）小平铲　　　　　　　　　（b）钢丝刷

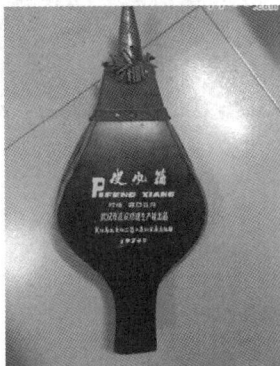

（c）油漆刷　　　　　　　　　（b）皮风箱

图 3.10　常用防水施工工具

（2）扁铲：旧屋面维修时用于铲除原有的防水层，一般自制，清理基层用大扁铲，如图 3.11 所示。

（3）电动搅拌器：用于搅拌聚氨酯防水涂料，以及其他糊状材料，如图 3.12 所示。

图 3.11　扁铲　　　　　　　　　**图 3.12　电动搅拌器**

（4）压辊：用于卷材施工压边，以及热熔法卷材施工，如图 3.13 所示。

（5）刮板：分为木刮板、铁皮刮板（图 3.14）、胶皮刮板三种，用于刮涂混合浆料如聚氨酯、"堵漏灵"等，胶皮刮板不能刮涂含溶剂的材料。

（6）喷灯：用于热熔卷材。喷灯口一般距加热面 30 cm 左右，用喷灯施工时，操作工人必须蹲下或弯腰，劳动强度大，仅适用于复杂部位及小面积的施工（图 3.15）。

（7）热熔卷材专用加热器：热熔卷材专用加热器的燃料有汽油和液化气两种（图 3.16）。

图 3.13　压辊

图 3.14　铁皮刮板

图 3.15　喷灯

图 3.16　液化气作燃料的加热器

(8) 堵漏施工机具:堵漏施工一般是用注浆泵(图 3.17)把化学浆液注入各种建筑物的裂缝中,浆液遇水膨胀(单组分)或起化学反应(双组分),封堵漏水处,达到止水堵漏的目的。

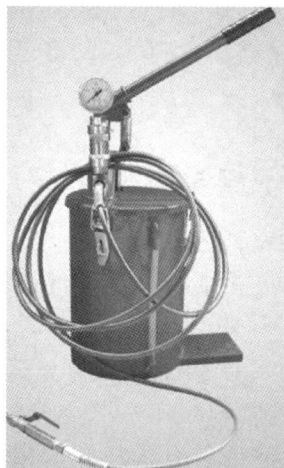

(a) 手动注浆泵

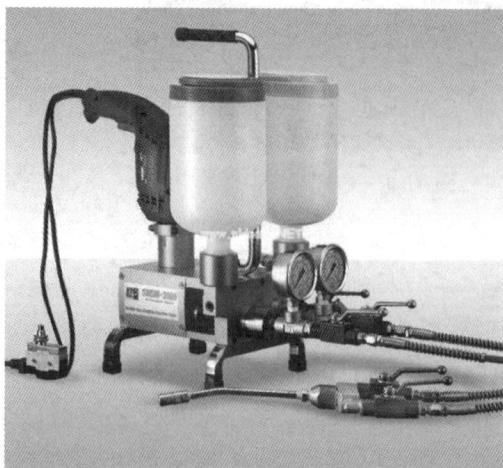

(b) 电动注浆泵

图 3.17　注浆泵

任务二　屋面防水工程施工

任务目标

掌握卷材防水屋面的概念、构造及各构造层的作用;了解卷材防水屋面各种原材料的特性及使用要求;掌握卷材防水屋面各构造层的施工方法及技术要求。掌握涂料防水屋面的概念;了解防水涂料的分类及各类防水涂料的成膜原理;熟悉涂料防水屋面的构造、施工方法及技术要求。了解其他屋面工程特点。

防水屋面的常用种类有卷材防水屋面、涂膜防水屋面和复合防水屋面等(图 3.18)。

图 3.18　屋面构造

屋面工程所采用的防水、保温隔热材料应有产品合格证书和性能检测报告,材料的品种、规格、性能等应符合现行国家产品标准和设计要求。

屋面的保温层和防水层严禁在雨天、雪天和五级以上大风下施工,温度过低也不宜施工。

一、卷材防水屋面

卷材防水屋面是指采用黏结胶粘贴卷材或采用带底面黏结胶的卷材进行热熔或冷粘贴于屋面基层进行防水的屋面,是目前房屋建筑工程应用最广泛、可靠的屋面。

1. 卷材防水屋面构造

卷材防水屋面典型构造层次如图 3.19 所示。

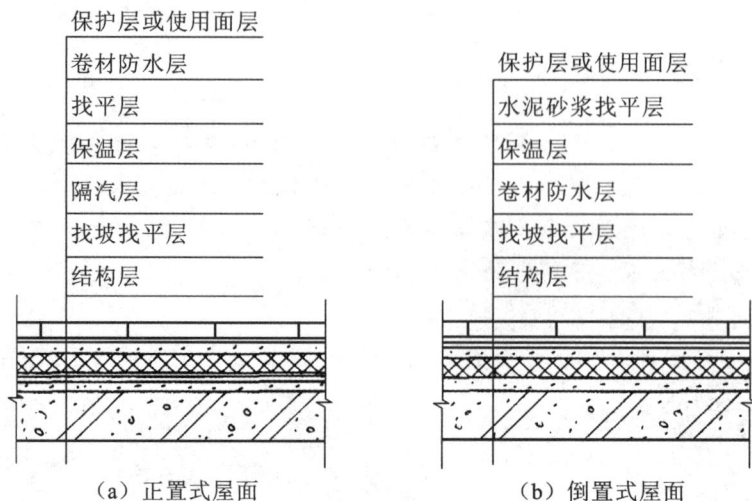

```
保护层或使用面层                    保护层或使用面层
卷材防水层                          水泥砂浆找平层
找平层                              保温层
保温层                              卷材防水层
隔汽层                              找坡找平层
找坡找平层                          结构层
结构层
```

(a) 正置式屋面   (b) 倒置式屋面

图 3.19　卷材防水屋面典型构造层次示意图

(1) 正置式屋面[图 3.19(a)]。

正置式屋面将保温层设在结构层与防水层之间。保温层设在屋盖系统的低温一侧，保温效果好并且符合热工原理，同时，由于保温层是摊铺在结构层之上的，符合受力的原则，构造也简单。为了防止室内空气中的水蒸气随热气流上升，透过结构层进入保温层，从而降低保温效果，应当在保温层下面设置隔汽层。隔汽层一般是在找平层上铺一毡二油(涂热沥青一道)或采用与屋面防水材料相同的卷材(厚度可以薄些)进行处理。

(2) 倒置式屋面[图 3.19(b)]。

倒置式屋面将保温层设置在防水层上面，这种屋面又被称为"倒置式保温屋面"，这是目前最常用的一种做法，防水效果好。其构造层次为保温层、防水层、结构层。这种屋面对采用的保温材料有特殊的要求，应当使用吸湿性低、耐气候性强的憎水材料(如聚苯乙烯泡沫塑料板或聚氯脂泡沫塑料板)作为保温层，并在保温层上加设钢筋混凝土、卵石、砖等较重的保护层(覆盖层)。

2. 基层要求

基层施工质量的好坏，将直接影响屋面工程的质量。

对卷材防水屋面找平层的要求如下。

(1) 平整、坚实、清洁。

(2) 排水坡度满足设计要求，见表 3-8。

表 3-8　找平层的坡度要求

项　目	平屋面		天沟、檐沟		雨水口周边 φ500 范围
	结构找坡	材料找坡	纵向	沟底水落差	
坡度要求	≥3%	≥2%	≥1%	≤200 mm	≥5%

（3）与凸出结构连接处及转角等阴阳角处,均应做成圆弧(图 3.20)。根据不同防水材料,对阴阳角的弧度作不同的要求:合成高分子卷材薄且柔软,弧度可小,沥青基卷材厚且硬,弧度要求大。具体见表 3-9。

图 3.20　转角抹成光滑的圆弧形

表 3-9　找平层转角弧度

卷材种类	沥青防水卷材	高聚物改性沥青卷材	合成高分子卷材
圆弧半径/mm	100～150	50	20

（4）找平层应留分格缝,缝宽一般为 5～20 mm,缝中宜嵌密封材料。分格缝宜留在板端缝。

（5）纵横缝的最大间距:找平层采用水泥砂浆或细石混凝土时,不宜大于 6 m;找平层采用沥青砂浆时,不宜大于 4 m。分格缝施工可预先埋入木条、聚苯乙烯泡沫条或事后用切割机锯出。

为了避免或减少找平层开裂,在找平层的水泥砂浆或细石混凝土中宜掺加减水剂和微膨胀剂或抗裂纤维,尤其在不吸水保温层上(包括用塑料膜作隔离层)做找平层时,砂浆的稠度和细石混凝土的坍落度要小,否则极易引起找平层严重开裂。

3. 材料选择

施工前应仔细核对设计图纸中防水卷材的材料要求、品类、厚度等参数,并选择合适的基层处理剂、胶黏剂。各种防水材料及制品均应符合设计要求,具有质量合格证明,材料进场后要对卷材按规定取样复验,同一品种、牌号和规格的卷材,抽验数量为:大于 1000 卷抽取 5 卷;每 500～1000 卷抽 4 卷;100～499 卷抽 3 卷;100 卷以下抽 2 卷。将抽验的卷材开卷进行规格和外观质量检验(外观检测见表 3-10、表 3-11)。在外观质量检验合格的卷材中,任取 1 卷做物理性能检验,全部指标达到标准规定时,即为合格。其中如有 1 项指标达不到要求,应在受检产品中加倍取样复验,全部达到标准规定为合格。复验时有 1 项不合格,则判定该产品不合格。不合格的防水材料严禁在建筑工程中使用。

表 3-10　高聚物改性沥青卷材的外观质量要求

项目	外观质量要求
孔洞、缺边、裂口	不允许
边缘不整齐	不超过 10 mm
胎体露白、未浸透	不允许
撒布材料粒度、颜色	均匀
每卷卷材的接头	不超过 1 处,较短的一段不应小于 1000 mm,接头处应加长 150 mm

表 3-11　合成高分子卷材的外观质量要求

项目	外观质量要求
折痕	每卷不超过 2 处,总长度不超过 20 mm
杂质	大于 0.5 mm 颗粒不允许,每 1 m² 不超过 9 mm²
胶块	每卷不超过 6 处,每处面积不大于 4 mm²
凹痕	每卷不超过 6 处,深度不超过本身厚度 30%;树脂类深度不超过 15%
每卷卷材的接头	橡胶类每 20 m 不超过 1 处,较短的一段不应小于 3000 mm,接头处应加长 150 mm;树脂类 20 m 长度内不允许有接头

4. 卷材防水层施工

卷材防水层施工的一般工艺流程如图 3.21 所示。

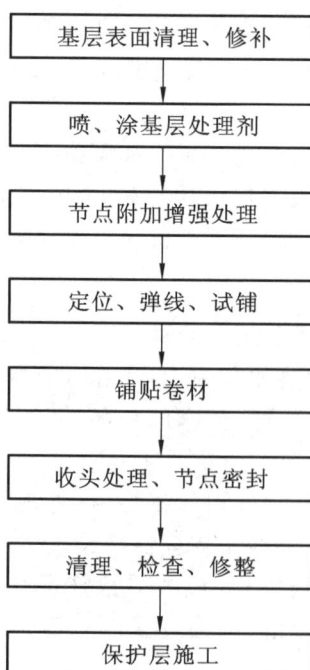

基层表面清理、修补 → 喷、涂基层处理剂 → 节点附加增强处理 → 定位、弹线、试铺 → 铺贴卷材 → 收头处理、节点密封 → 清理、检查、修整 → 保护层施工

图 3.21　卷材防水施工工艺流程

（1）清理基层。

① 用铁锹对基层整体清理一遍,铲除杂物、凸出物并用扫帚清理干净(图3.22)。用平铲、凿子、锤子等剔除细节部位的凸出物、水泥块等杂物并清扫干净。

② 用吹尘器把基层吹扫干净,确保基层洁净、平整、牢固,表面无明显的开裂、凸出、凹陷、起皮、起砂等现象。清理后的基层表面如图3.23所示。

图 3.22 清理基层

图 3.23 清理后的基层表面

③ 用 2 m 靠尺和塞尺检查平整度,表面平整光滑,并检查排水坡度是否符合图纸要求。

④ 基层无明水,且含水率要求不大于 9%(将一块 1 m² 卷材平坦干铺在找平层上,静置 3～4 h 后掀开检查,找平层覆盖部位无水印即可铺设),如图 3.24 所示。

图 3.24 检查基层含水率

（2）涂刷基层处理剂。

① 用滚刷在漆料桶里蘸取基层处理剂。

② 遵从由远及近的顺序在基层均匀滚刷第一层处理剂,要求涂刷薄厚一致、不露底,如图 3.25 所示。

③ 雨落口处涂刷时先刷女儿墙阴角处,然后用油漆刷蘸取基层处理剂,均匀涂刷水落口四周及内外侧,不得有遗漏。

④ 对不排汽屋面的分格缝,用毛刷和吹风机清扫干净,用平铲镶填油膏,油膏应饱满密实(图3.26)。

（3）铺贴卷材附加层。

基层处理好后,所有节点、细部构造等部位如女儿墙、水落口、女儿墙、管根、檐口、孔洞、阴阳角先施工,增做附加层。

图 3.25　涂刷基层处理剂

图 3.26　分格缝镶填

① 女儿墙铺贴泛水处的施工。女儿墙泛水处附加防水层在平面和立面的宽度均不应小于 250 mm。高女儿墙泛水处的防水层泛水高度不应小于 250 mm,泛水上部的墙体应做防水处理。泛水收头应根据泛水高度和泛水墙体材料确定。墙体为砖墙时,卷材收头也可压入砖墙凹槽内固定密封(图 3.27),凹槽距屋面找平层高度不应小于 250 mm,凹槽上部的墙体应做防水处理。墙体为混凝土时,卷材收头可采用金属压条钉压,并用密封材料封固(图 3.28)。

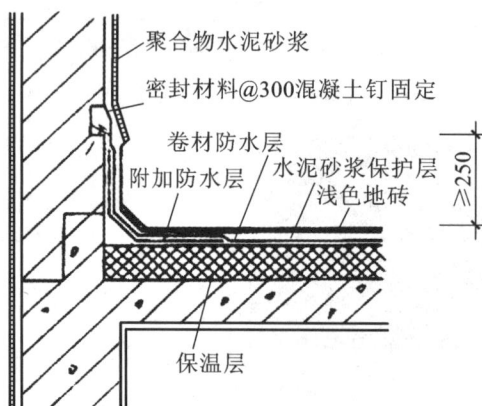

图 3.27　女儿墙(砖)泛水

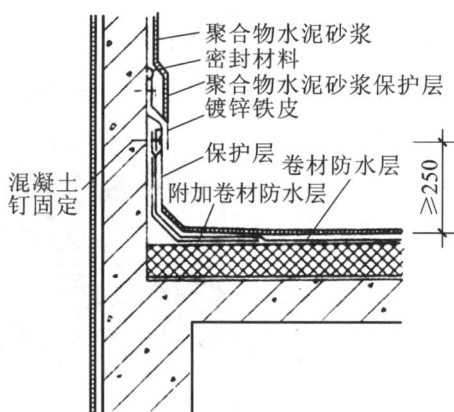

图 3.28　女儿墙(混凝土)泛水

② 屋面水落口施工。在水落口杯埋设时,水落口杯与竖管承插口的连接处应用密封材料嵌填密实,防止该部位在暴雨时产生倒水现象。水落口周围直径 500 mm 范围内,排水坡度不应小于 5%。防水卷材卷入水落口内 50 mm。水落口杯与基层接触处应留宽 20 mm、深 20 mm 的凹槽,嵌填密封材料。雨水口安装时,将附加防水层、防水卷材铺贴在雨水斗周边或雨水斗底盘口外边缘,填满防水密封膏后,即将压板盖上,并插入螺栓使压板固定,再用防水密封膏做封边处理。屋面(天沟)板预留洞口应详见雨水口产品型号要求。采用非预埋安装时,四周应用水泥砂浆密实填充,并做找平层。卷材防水屋面水落口构造如图 3.29 所示,卷材防水屋面水落口卷材防水层如图 3.30 所示。

③ 伸出屋面管道施工。伸出屋面管道的周围与找平层或细石混凝土防水层之间,应预留 20 mm×20 mm 的凹槽,并用密封材料嵌填严密;在管道根部直径 300 mm 范围内,找平层应抹出高度不小于 30 mm 的圆台;管道根部四周应增设附加层,高度不小于

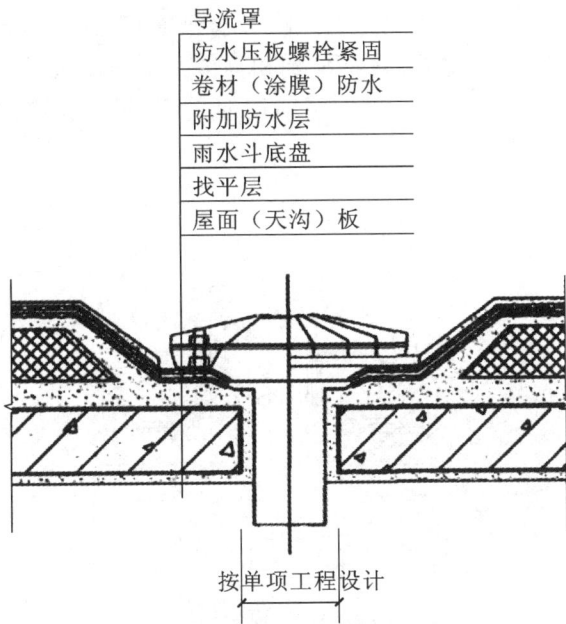

导流罩
防水压板螺栓紧固
卷材（涂膜）防水
附加防水层
雨水斗底盘
找平层
屋面（天沟）板

按单项工程设计

图 3.29　卷材防水屋面水落口构造

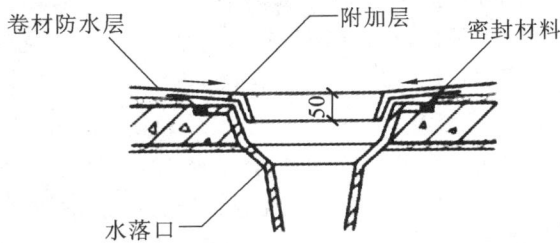

卷材防水层　　附加层　　密封材料

50

水落口

图 3.30　卷材防水屋面水落口卷材防水层

250 mm,平面宽 300 mm;卷材与管道交接处用金属管箍箍紧。伸出屋面管道卷材防水层如图 3.31 所示,伸出屋面管道卷材防水层实例如图 3.32 所示。

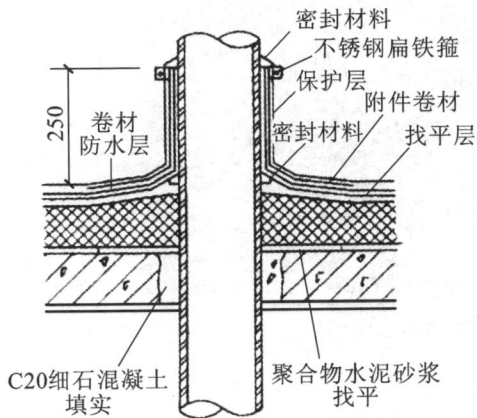

密封材料
不锈钢扁铁箍
保护层
附件卷材
密封材料
找平层
卷材防水层
250
C20细石混凝土填实
聚合物水泥砂浆找平

图 3.31　伸出屋面管道卷材防水层

图 3.32　伸出屋面管道卷材防水层实例

④ 变形缝施工。变形缝内宜填充泡沫塑料或沥青麻丝,上部填放衬垫材料,并用卷材封盖,接缝处要用油膏嵌封严密,顶部应加扣混凝土盖板或金属盖板,嵌填完衬垫材料后,再在变形缝上铺贴盖缝卷材,并延伸至附加墙立面,卷材在立面上应采用满粘法,铺贴宽度不小于 100 mm(图 3.33)。

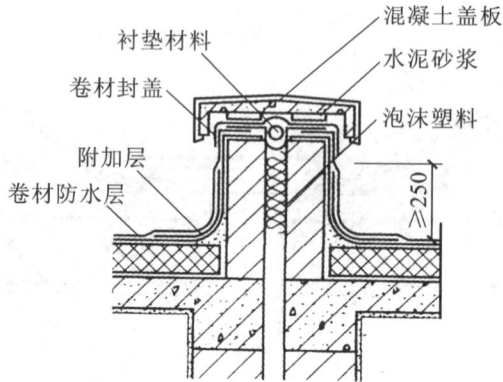

图 3.33　屋面变形缝

(4) 卷材防水层铺贴方向。

卷材的铺贴方向应根据屋面坡度和屋面是否有振动来确定。当屋面坡度小于 3% 时,卷材宜平行于屋脊铺贴(图 3.34);屋面坡度在 3%～15% 时,卷材可平行或垂直于屋脊铺贴;屋面坡度大于 15% 或受振动时,沥青卷材、高聚物改性沥青卷材应垂直于屋脊铺贴,合成高分子卷材可根据屋面坡度、屋面有否受振动、防水层的黏结方式、黏结强度、是否机械固定等因素综合考虑采用平行或垂直于屋脊铺贴的方式。上下层卷材不得相互垂直铺贴。屋面坡度大于 25% 时,卷材宜垂直于屋脊方向铺贴,并应采取固定措施,固定点还应密封。当卷材防水层采用叠层方法施工时,上下层卷材不得相互垂直铺贴。

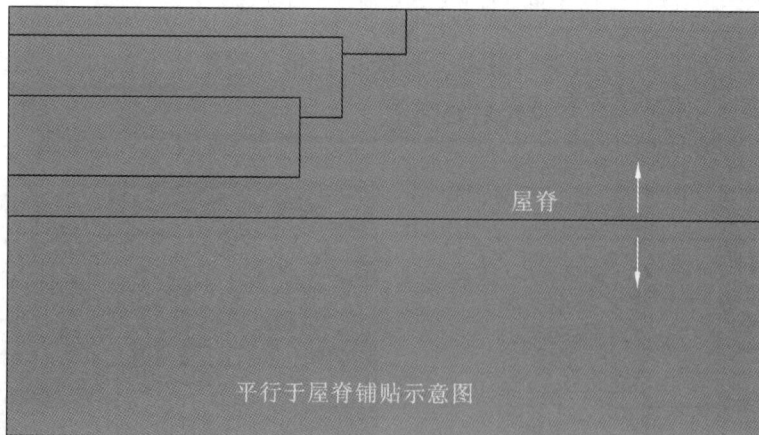

图 3.34　平行于屋脊铺贴示意图

(5) 卷材防水层施工顺序。

① 沥青卷材防水屋面施工时,应先做好节点、附加层和屋面排水比较集中的部位的处理,然后由屋面最低标高处向上施工。

② 沥青卷材防水屋面施工,铺贴多跨和有高低跨的屋面时,应按先高后低、先远后近的顺序进行。

③ 大面积屋面施工时,如需划分流水施工段,施工段的界线宜设在屋脊、天沟、变形缝等处。

（6）卷材防水层搭接方法及宽度要求。

卷材平行于屋脊方向铺贴时,长、短边搭接应符合表 3-12 的要求,相邻两幅卷材短边接缝应错开不小于 500 mm;上下两层卷材应错开 1/3 或 1/2 幅度;平行于屋脊的搭接缝应顺流水方向,垂直于屋脊的搭接缝应顺主导风向,如图 3.35 所示。

表 3-12　卷材搭接宽度　　　　　　　　　　单位:mm

卷材种类	铺贴方法	短边搭接		长边搭接	
		满粘法	空铺、点粘、条粘法	满粘法	空铺、点粘、条粘法
沥青防水卷材		100	150	70	100
高聚物改性沥青防水卷材		80	100	80	100
合成高分子防水卷材	胶黏剂	80	100	80	100
	胶黏带	50	60	50	60
	单缝焊	60,有效焊接宽度不小于 25			
	双缝焊	80,有效焊接宽度 10×2＋空腔宽			

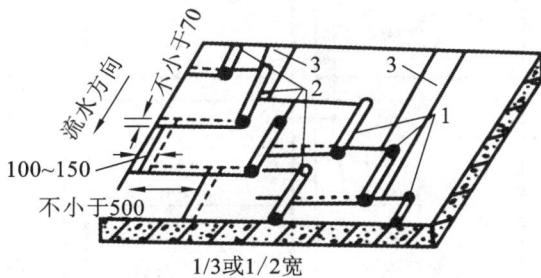

图 3.35　卷材平行于屋脊铺贴的搭接要求(单位:mm)

1—第一层油毡;2—第二层油毡;3—干铺油毡条,宽 300 mm

（7）排汽屋面的施工。

当屋面保温层、找平层因含水率过大或遇雨水浸泡不能及时干燥,而又要立即铺设柔性防水层时,必须将屋面做成排汽屋面,以避免因防水层下部水分汽化造成防水层起鼓破坏。为避免因保温层含水率过高造成保温性能降低,排汽道应纵横贯通,不得堵塞,并应与大气连通的排汽孔相连。排汽道间距宜为 6 m 纵横设置,屋面面积每 36 m² 宜设置 1 个排汽孔(图 3.36、图 3.37)。在保温层中预留槽做排汽道时,其宽度一般为 20～40 mm;在保温层中埋置打孔细管(塑料管或镀锌钢管)做排汽道时,管径为 25 mm。排汽道应与找平层分格缝相重合(图 3.38)。

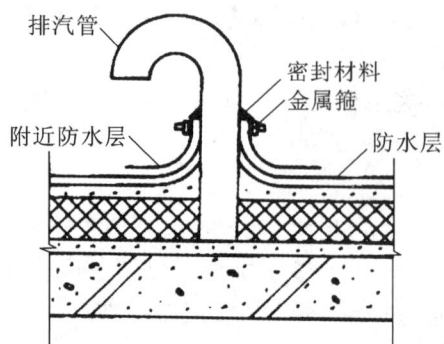

图 3.36 排汽孔做法

图 3.37 排汽孔做法实例

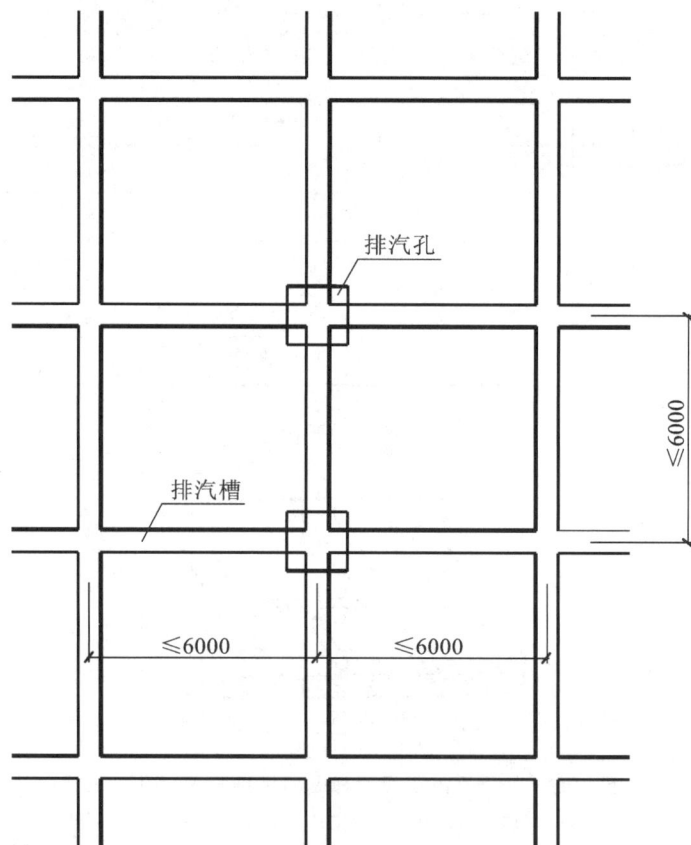

图 3.38 排汽道分布

（8）高聚物改性沥青卷材防水施工。

高聚物改性沥青防水卷材的施工方法有冷粘法、热熔法和自粘法。

① 冷粘法。

按铺贴程序在基层上涂刷(刮)一层胶黏剂,胶黏剂应涂刷均匀,不露底,不堆积。根据胶黏剂的性能,控制胶黏剂涂刷与卷材铺贴的间隔时间。将卷材对准位置摆好,并缓慢打开铺贴在基层上,边用压辊均匀用力滚压或用干净的滚刷反复碾压,排出空气,使卷材与基层紧密粘贴,卷材搭接处用氯磺化聚乙烯嵌缝膏或胶黏剂满涂封口,辊压黏结牢固,溢出的嵌缝膏或胶黏剂随即刮平封口,接缝口应用密封材料封严,宽度不应小于10 mm(图3.39)。

图3.39　冷粘法卷材铺贴

② 热熔法。

热熔法施工是指高聚物改性沥青热熔卷材的铺贴方法。热熔卷材是一种在工厂生产过程中底面即涂有一层软化点较高的改性沥青热熔胶的卷材,铺贴时不需要涂刷胶黏剂,而是用火焰烘烤热熔胶后直接与基层粘贴。热熔法卷材铺贴如图3.40所示。

厚度小于3 mm的高聚物改性沥青防水卷材,严禁采用热熔法施工。

图3.40　热熔法卷材铺贴

③ 自粘法。

自粘法是指自粘型卷材的铺贴方法。自粘型卷材在工厂生产时,在改性沥青卷材、合成高分子卷材、PE膜等底面涂上一层胶黏剂,并在表面敷有一层隔离纸。施工时只要剥去隔离纸,即可直接铺贴。在基层表面均匀涂刷基层处理剂,待基层处理剂干燥后,将卷材背面的隔离纸全部剥开撕净直接粘贴于基层表面,排除卷材下面的空气,并辊压黏结牢固。搭接处用热风枪加热,加热后随即粘贴牢固,溢出的自粘膏随即刮平封口。接缝口亦用密封材料封严,宽度不应小于 10 mm。

(9)合成高分子卷材防水施工。

合成高分子防水卷材的施工方法有冷粘法、自粘法和热风焊接法三种。

冷粘法、自粘法施工要求与高聚物改性沥青防水卷材基本相同,但冷粘法施工时搭接部位应采用与卷材配套的接缝专用胶黏剂。

热风焊接法是利用热空气焊枪进行防水卷材搭接黏合的方法。接缝焊接是该工艺的关键,在正式焊接卷材前,必须进行试焊,并进行剥离试验,以此来检查当时气候条件下焊接工具和焊接参数及工人操作水平,确保焊接质量。接缝焊接分为预先焊接和最后焊接。预先焊接是将搭接卷材掀起,焊嘴深入焊接搭接部分后半部(一半搭接宽度),用焊枪一边加热卷材,一边立即用手持压辊充分压在接合面上使之压实,待后部焊好后,再焊前半部,此时焊接缝边应光滑并有熔浆溢出,并立即用手持压辊压实,排出搭接缝间气体。搭接缝焊接,先焊长边后焊短边。焊接前应先对接缝焊接面进行清洗,使之干燥。焊接时注意气温和湿度的变化,随时调整加热温度和焊接速度。在低温下(0 ℃以下)焊接时要注意卷材有否结冰和潮湿现象,如出现上述现象必须使之干净、干燥,所以在气温低于−5 ℃以下时是很难保证施工质量的。焊接时还必须注意焊缝处不得有漏焊、跳焊或焊接不牢(加温过低),也不得损害非焊接部位卷材。

(10)隔离层施工。

在柔性防水层上设置块体材料、水泥砂浆、细石混凝土等刚性保护层时,为了防止刚性保护层胀缩变形对防水层造成的损坏,应在保护层与防水层之间铺设隔离层。隔离层应满足设计要求,不得有破损、漏铺现象。隔离层为塑料布、土工布卷材时应铺贴平整(图 3.41),搭接宽度不小于 50 mm。

图 3.41 塑料布隔离层

(11)保护层施工。

卷材铺设完毕,经检查合格后,应立即进行保护层的施工,及时保护防水层免受损伤。

① 预制板块保护层。

预制板块保护层的结合层宜采用砂或水泥砂浆。

在砂结合层上铺砌块体时,砂结合层应洒水压实,并用刮尺刮平,以满足块体铺设的平整度要求。块体应对接铺砌,缝隙宽度一般在 10 mm 左右。块体铺砌完成后,应适当洒水并轻轻拍平压实,以免产生翘角现象。板缝先用砂填至一半的高度,然后用 1:2 水泥砂浆勾成凹缝。为防止砂子流失,在保护层四周 500 mm 范围内,应改用低强度等级水泥砂浆做结合层。采用水泥砂浆做结合层时,应先在防水层上做隔离层。预制块体应先浸水湿润并阴干。如板块尺寸较大,可采用铺灰法铺砌,即先在隔离层上将水泥砂浆摊开,然后摆放预制块体;如板块尺寸较小,可将水泥砂浆刮在预制板块的黏结面上再进行摆铺。每块预制块体摆铺完后应立即挤压密实、平整,使块体与结合层之间不留空隙。铺砌工作应在水泥砂浆凝结前完成,块体间预留 10 mm 的缝隙,铺砌 1~2 d 后用 1:2 水泥砂浆勾成凹缝。块体材料保护层如图 3.42 所示。

图 3.42 块体材料保护层

上人屋面的预制块体保护层,块体材料应按照楼地面工程质量要求选用,结合层应选用 1:2 水泥砂浆。

② 水泥砂浆保护层。

水泥砂浆保护层与防水层之间也应设置隔离层。保护层用的水泥砂浆配合比一般为水泥:砂=1:2.5~1:3(体积比)。

③ 细石混凝土保护层。

细石混凝土保护层施工前,也应在防水层上铺设一层隔离层,并按设计要求支设好分格缝:分格缝应设置在结构屋面板的支承端、屋面转折处、防水层与凸出屋面结构的交接处等,并应按纵横不大于 6.0 m 间距进行分格,缝宽以 10~20 mm 为宜;钢筋网铺设按设计要求,网片采用绑扎或焊接(图 3.43),其位置以居中偏上为宜,保护层不小于10 mm。绑扎钢丝的搭接长度必须大于 250 mm;焊接搭接长度不小于 25 倍直径,在一个网片的同一断面内接头不超过钢丝断面积的 25%。分格缝处钢丝要断开。为保证钢丝位置的准确,可采用先在隔离层上满铺钢丝绑扎成型后,再按分格缝位置剪断的方法施工;一个分格内的混凝土应尽可能连续浇筑,不留施工缝。振捣宜采用铁辊滚压或人工拍实,不宜采用机械振捣,以免破坏防水层。振实后随即用刮尺按排水坡度刮平,并在初凝前用木抹子提浆抹平,初凝后及时取出分格缝木模(泡沫条不用取出),终凝前用铁抹子压光(图 3.44)。

图 3.43 钢筋网施工

图 3.44 混凝土浇筑找平

细石混凝土保护层浇筑完后应及时进行养护,养护时间不应少于 7 d。养护完后,将分格缝清理干净(泡沫条割去上部 10 mm 即可),嵌填密封材料。

块体材料、水泥砂浆或细石混凝土保护层与女儿墙和山墙之间,应预留宽度为 30 mm 的缝隙,缝内宜填塞聚苯乙烯泡沫塑料,并应用密封材料嵌填密实。

二、涂膜防水屋面

涂膜防水屋面是在屋面基层上涂刷防水涂料,经固化后形成一层有一定厚度和弹性的整体涂膜,从而达到防水目的的一种防水屋面形式。

1. 涂膜防水屋面构造

涂膜防水屋面典型构造层次如图 3.45 所示。

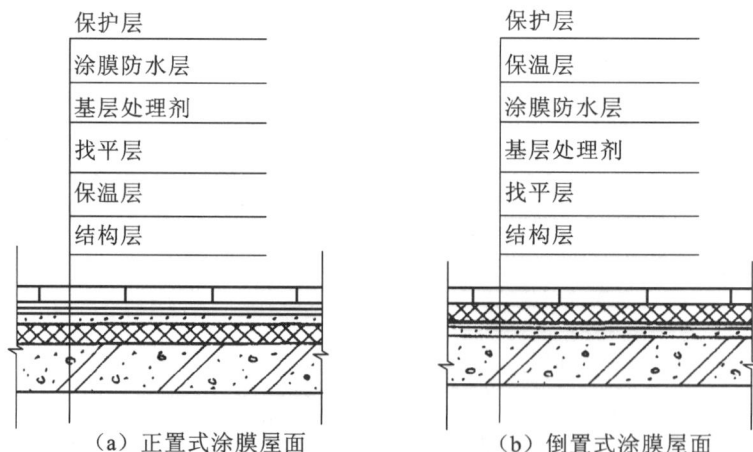

图 3.45 涂膜防水屋面构造

2. 基层要求

(1)基层应进行检查,并办理交接验收手续。

(2)必须牢固、平整,不起砂,无裂缝、凹陷、松动等缺陷;平面与立面交接处及管道根部应做成圆弧形,表面抹光、压实。

(3)基层必须干燥,含水率不大于 9%,雨天或雨后基层尚未干燥时,不得施工。

（4）严禁在雨天、雪天施工；五级风及其以上时或预计涂膜固化前有雨时不得施工。施工环境气温宜为 5～35 ℃。

3. 材料要求

防水涂料按成膜物质的属性，可分为无机防水涂料和有机防水涂料两种；按成膜物质的主要成分，可分成高聚物改性沥青防水涂料和合成高分子防水涂料。施工时根据涂料品种和屋面构造形式的需要，可在涂膜防水层中增设胎体增强材料。

4. 涂膜防水层施工

涂膜防水层施工工艺如图 3.46 所示。

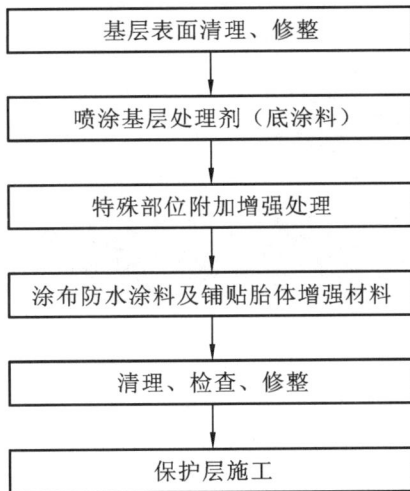

```
┌─────────────────────────┐
│   基层表面清理、修整        │
└─────────────────────────┘
            ↓
┌─────────────────────────┐
│   喷涂基层处理剂（底涂料）   │
└─────────────────────────┘
            ↓
┌─────────────────────────┐
│   特殊部位附加增强处理      │
└─────────────────────────┘
            ↓
┌─────────────────────────┐
│ 涂布防水涂料及铺贴胎体增强材料 │
└─────────────────────────┘
            ↓
┌─────────────────────────┐
│   清理、检查、修整          │
└─────────────────────────┘
            ↓
┌─────────────────────────┐
│   保护层施工              │
└─────────────────────────┘
```

图 3.46　涂膜防水层施工工艺

（1）清理基层。

涂膜防水的基层清理基本与卷材防水相同。应注意溶剂型、热熔型和反应固化型防水涂料施工时要求基层干燥，否则会导致防水层成膜后出现空鼓、起皮现象；水乳型或水泥基类防水涂料对基层的干燥程度没有严格要求，但从成膜质量和涂膜防水层与基层黏结强度来考虑，干燥的基层比潮湿的基层有利。

（2）喷涂基层处理剂。

基层处理剂应与防水涂料具有相容性。应选择防水涂料生产厂家配套的基层处理剂；或采用同种防水涂料稀释而成。涂膜防水层一般都要涂刷基层处理剂，而且要求涂刷均匀、覆盖完全。同时要求待基层处理剂干燥后再涂布防水涂料。

（3）附加层的处理。

① 水落口：应在水落口部位加铺二布二油加强层。水落口周围应做成半径 0.5 m、坡度满足设计要求的杯形凹坑，铺贴时胎体剪成莲花瓣形，交错密实地贴至承插口处。

② 女儿墙：有压顶的女儿墙，压顶下应留压毡层，并与立面胎体交叉接槎，将防水涂料涂刷均匀。无压顶的女儿墙，应将屋面防水层做至腰线檐下的凹槽内，嵌上密封材料，最后用水泥砂浆抹面、压牢。

③ 管子根、出入口：管子根及屋面出入口处应加铺一布二油附加层。在管根及出入口部位，胎体应从平面卷贴在立面上，高度不小于 250 mm。要求防水涂料涂刷均匀。在

外部再用水泥砂浆抹面压住防水涂层。

（4）涂布防水涂料及铺贴胎体增强材料。

① 涂膜防水层的施工也应按"先高后低，先远后近"的原则进行。遇高低跨屋面时，一般先涂布高跨屋面，后涂布低跨屋面；相同高度屋面，要合理安排施工段，先涂布距上料点远的部位，后涂布近处；同一屋面上，先涂布排水较集中的水落口、天沟、檐沟、檐口等节点部位，再进行大面积涂布(图3.47)。

图 3.47 涂膜防水

② 需铺设胎体增强材料时，如坡度小于15%可平行于屋脊铺设；坡度大于15%应垂直于屋脊铺设，并由屋面最低标高处开始向上铺设(图3.48)。胎体增强材料长边搭接宽度不得小于50 mm，短边搭接宽度不得小于70 mm。采用二层胎体增强材料时，上下层不得互相垂直铺设，搭接缝应错开，其间距不应小于幅宽的1/3。

图 3.48 胎体增强材料的铺设

③ 在底胶基本干燥固化后，用塑料刮板或橡皮刮板将第一遍涂膜均匀刮涂在已涂好

底胶的基层表面;在第一遍涂膜固化 24 小时后,涂刮第二遍涂膜,涂刮方向与第一遍涂膜垂直。

④ 施工环境温度应不大于 35 ℃,涂刷时每个涂层要涂刷几遍才能完成涂膜。防水层施工前,必须根据设计要求的每平方米涂料用量、涂膜厚度及涂料材性,事先试验确定每道涂料涂刷的厚度以及每个涂层需要涂刷的遍数。

⑤ 涂膜总厚度应符合设计要求;涂膜间夹铺胎体增强材料时,宜边涂布边铺胎体;胎体应铺贴平整,应排除气泡,并应与涂料黏结牢固。在胎体上涂布涂料时,应使涂料浸透胎体,并应覆盖完全,不得有胎体外露现象。最上面的涂膜厚度不应小于 1.0 mm。

⑥ 屋面转角及立面的涂膜应薄涂多遍,不得流淌和堆积。

⑦ 施工现场应通风排气,在通风条件差的地方作业时,施工作业人员每隔 1~2 小时到通风地点休息 10~15 分钟。施工过程操作人员感到不舒适,应马上离开施工现场,严重时应到医院检查。

⑧ 在涂膜防水层未干前,不得在其上进行其他施工作业。涂膜防水层上不得直接堆放物品。

⑨ 防水涂膜严禁在雨、雪天施工;五级风及其以上时或预计涂膜固化前有雨时不得施工;不宜在气温高于 35 ℃ 及日均气温在 5 ℃ 以下时施工。

(5)清理、检查、修整。

涂膜防水层完成后,进行表观质量的检查:涂膜防水层与基层应黏结牢固,表面平整,涂刷均匀,无流淌、皱折、鼓泡、露胎体和翘边等缺陷。并做好淋水、蓄水检验,合格后再进行保护层的施工。

(6)保护层施工。

水泥砂浆、块材或细石混凝土保护层与涂膜防水层间应设置隔离层;刚性保护层的分格缝留置应符合设计要求。

三、复合防水屋面

由于涂膜防水层具有黏结强度高,可修补防水层基层裂缝缺陷,防水层无接缝、整体性好的特点,卷材与涂膜复合使用时,涂膜防水层宜设置在卷材防水层的下面;卷材防水层强度高、耐穿刺,厚薄均匀,使用寿命长,宜设置在涂膜防水层的上面。

复合防水层防水涂料与防水卷材之间应黏结牢固,尤其是天沟和立面防水部位。

四、其他屋面

1. 瓦屋面

瓦屋面防水是我国传统的屋面防水技术。

(1)平瓦屋面。平瓦主要是指传统的黏土机制平瓦和水泥平瓦。平瓦屋面由平瓦和脊瓦组成,平瓦用于铺盖坡面,脊瓦用于铺盖屋脊。黏土平瓦及脊瓦是以黏土压制或挤压成型、干燥焙烧而成的,亦称烧结。水泥平瓦及脊瓦是用水泥、砂加水搅拌经机械滚压成型,常压蒸汽养护后制成的,亦称混凝土瓦。

(2)沥青瓦是一种新型屋面防水材料,除具有较好的防水效果外,还对建筑物有很好的装饰效果,且施工简便、易于操作。沥青瓦是以玻璃纤维毡为胎基,经浸涂石油沥青后,一面覆盖彩砂矿物粒料,另一面撒以隔离材料,并经切割所制成的瓦片状屋面防水材料。

2. 金属压型夹心板屋面

金属板材屋面是指采用金属板材作为屋盖材料,将结构层和防水层合二为一的屋盖形式。金属板材的种类很多,有锌板、镀铝锌板、铝合金板、铝镁合金板、钛合金板、铜板、不锈钢板等,厚度一般为 0.4～1.5 mm,板的表面一般进行涂装处理。金属板材目前使用较多的是金属压型夹心板。金属板材应边缘整齐、表面光滑、外形规则,不得有扭翘、锈蚀等缺陷。

3. 蓄水屋面

屋面上蓄水,由于水的蓄热和蒸发,可大量消耗投射在屋面上的太阳辐射热,有效地减少通过屋盖的传热量,从而起到保温隔热作用。蓄水屋面对防水层和屋盖结构起到有效的保护作用,延缓了防水层的老化。但它要求屋面防水有效和耐久,否则引起渗漏会很难修补,所以蓄水屋面宜选用刚性细石混凝土防水层或在柔性防水层上面再做刚性细石混凝土防水层复合。

4. 种植屋面

种植屋面是在屋面防水层上覆土或覆盖锯木屑、膨胀蛭石、膨胀珍珠岩、轻砂等多孔松散材料,种植草皮、花卉、蔬菜、水果或设架种植攀缘植物等作物。

任务三　地下防水工程施工

任务目标

了解防水混凝土结构施工、水泥砂浆防水层施工、卷材防水层施工;掌握施工工艺,熟悉结构施工方法;熟悉各种防水屋面和地下防水工程的质量标准、工艺流程与施工要点。

一、防水方案及防水措施

我国地下防水工程的设计和施工遵循"防、排、截、堵相结合,刚柔相济,因地制宜,综合治理"的原则,根据地下防水工程的特点及环境要求,坚持多道设防、综合防治。

1. 防水方案

常用的防水方案有以下三类。

(1)结构自防水。

依靠防水混凝土本身的抗渗性和密实性来进行防水。它具有施工简便、工期较短、改善劳动条件、节省工程造价等优点。

(2)设防水层。

在结构物的外侧增加防水层,以达到防水的目的。

（3）渗排水防水。

利用盲沟、渗排水层等措施来排除附近的水源以达到防水目的。

2.防水措施

地下工程的钢筋混凝土结构,应采用防水混凝土,其防水措施的选用应根据地下工程开挖方式确定,见表3-13、表3-14。

表 3-13　明挖法地下工程防水设防

防水等级	主体						施工缝					后浇带				变形缝、诱导缝						
防水措施	防水混凝土	防水砂浆	防水卷材	防水涂料	塑料防水板	金属板	遇水膨胀止水条	中埋式止水带	外贴式止水带	外抹防水砂浆	外涂防水涂料	膨胀混凝土	遇水膨胀止水条	外贴式止水带	防水嵌缝材料	中埋式止水带	外贴式止水带	可卸式止水带	防水嵌缝材料	外贴防水卷材	外涂防水涂料	遇水膨胀止水条
一级	应选	应选1~2种					应选2种					应选	应选2种			应选	应选2种					
二级	应选	应选1种					应选1~2种					应选	应选1~2种			应选	应选1~2种					
三级	应选	宜选1种					宜选1~2种					应选	宜选1~2种			应选	宜选1~2种					
四级	宜选	—					宜选1种					应选	宜选1种			应选	宜选1种					

表 3-14　暗挖法地下工程防水设防

防水等级	主体				内衬砌施工缝					内衬砌变形缝、诱导缝				
防水措施	复合式衬砌	离壁式衬砌、衬套	贴壁式衬砌	喷射混凝土	外贴式止水带	遇水膨胀止水条	防水嵌缝材料	中埋式止水带	外涂防水涂料	中埋式止水带	外贴式止水带	可卸式止水带	防水嵌缝材料	遇水膨胀止水条
一级	应选1种			—	应选2种					应选	应选2种			
二级	应选1种			—	应选1~2种					应选	应选1~2种			
三级	应选1种			应选1种	宜选1~2种					应选	宜选1种			
四级	应选1种			应选1种	宜选1种					应选	宜选1种			

二、混凝土结构自防水的施工

因混凝土自身的密实性而具有一定防水能力的混凝土或钢筋混凝土结构形式被称

为混凝土结构自防水。它兼具承重、围护功能,且可满足一定的耐冻融和耐侵蚀要求。混凝土结构自防水不适用于以下情况:允许裂缝开展宽度大于 0.2 mm 的结构、遭受剧烈振动或冲击的结构、环境温度高于 80 ℃ 的结构,以及在可致耐蚀系数小于 0.8 的侵蚀性介质中使用的结构。防水混凝土等级分为 P4、P6、P8、P10、P12(例如 P8 表示该试块能在 0.8 N/mm² 的水压力下不出现渗水现象)五个级别。地下室混凝土结构自防水等级通常不小于 P6。

1. 防水混凝土的种类

防水混凝土一般分为普通防水混凝土、外加剂防水混凝土和膨胀水泥防水混凝土三种。

普通防水混凝土不掺加任何混凝土外加剂,通过调整和控制混凝土配合比各项技术参数的方法,提高混凝土的抗渗性,达到防水的目的。这类混凝土的水泥用量较大。

外加剂防水混凝土是在普通混凝土中掺加减水剂、膨胀剂、密实剂、引气剂、复合型外加剂、水泥基渗透结晶型材料、掺合料等材料搅拌浇筑而成的防水混凝土。

膨胀水泥防水混凝土是以膨胀水泥为胶结料配制的防水混凝土。

2. 防水混凝土施工

防水混凝土结构工程的质量,除取决于设计、材料的性质及配合比成分外,还取决于施工质量。

(1)地下室防水混凝土墙两侧模板需用对拉螺栓固定时,模板应平整、拼缝严密不漏浆、支撑牢固。固定模板用的螺栓必须穿过混凝土结构时,应采取止水措施,如螺栓加堵头、在螺栓或套管中间加焊止水环(焊缝应采用满焊)等。

① 螺栓加堵头做法。

在结构两边螺栓周围做凹槽,拆模后将螺栓沿平凹底割去,再用膨胀水泥砂浆将凹槽封堵,并宜在迎水面涂刷防水涂料(图 3.49)。

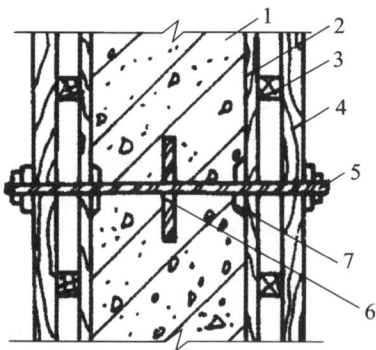

图 3.49 螺栓加堵头做法示意图
1—围护结构;2—模板;3—小龙骨;4—大龙骨;5—螺栓;6—止水环;
7—堵头(拆模后将螺栓沿平凹底割去,再用膨胀水泥砂浆封堵)

② 螺栓加焊止水环做法。

在对拉螺栓中部加焊止水环,止水环与螺栓必须满焊严密(图 3.50)。拆模后应沿混凝土结构边缘将螺栓割断。此法将消耗所用螺栓。

③预埋套管加焊止水环做法。

套管采用钢管,其长度等于墙厚(或其长度加上两端垫木的厚度之和等于墙厚),兼具撑头作用,以保持模板之间的设计尺寸。止水环在套管上满焊严密。支模时在预埋套管中穿入对拉螺栓拉紧固定模板。拆模后将螺栓抽出,套管内以膨胀水泥砂浆封堵密实。套管两端有垫木的,拆模时连同垫木一并拆除,除密实封堵套管外,还应将两端垫木留下的凹坑用同样方法封实,并宜在迎水面涂刷防水涂料。此法可用于抗渗要求一般的结构(图 3.51)。

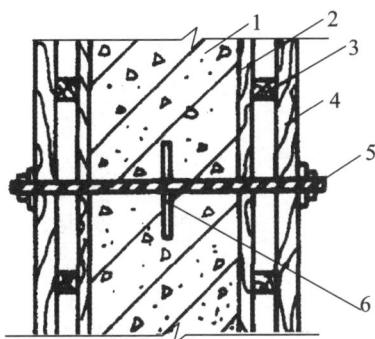

图 3.50　螺栓加焊止水环示意图
1—围护结构;2—模板;3—小龙骨;
4—大龙骨;5—螺栓;6—止水环

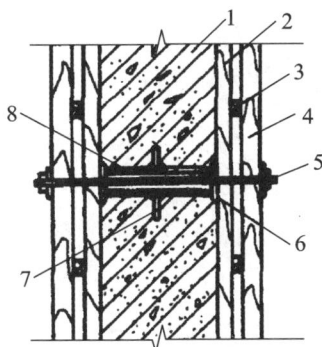

图 3.51　预埋套管支撑示意图
1—防水结构;2—模板;3—小龙骨;4—大龙骨;5—螺栓;6—垫木
(与模板一并拆除后,连同套管一起用膨胀水泥砂浆封堵);
7—止水环;8—预埋套管

(2)钢筋:不得用钢丝或铁钉固定在模板上(即不得与模板有接触),避免形成渗水路径。必须采用相同配合比的细石混凝土或砂浆块作垫块,确保保护层的厚度,迎水面保护层厚度不小于 50 mm,不得有负误差。

(3)防水混凝土的配合比应通过试验选定。

(4)混凝土浇捣施工要点如下。

① 防水混凝土拌和物在运输后,如出现泌水离析,必须进行二次搅拌。

② 严禁直接加水补充坍落度。当坍落度损失后,不能满足施工时,应加入原水灰比的水泥浆或二次掺减水剂进行搅拌。

③ 混凝土分层连续浇捣,其自由倾落度不大于 1.5 m。

④ 混凝土应用机械振捣密实(10~30 s),以混凝土开始泛浆和不冒气泡为止,并避免漏振、欠振和超振。

⑤ 混凝土初凝后用铁抹子压光,以增加表面致密性。

⑥ 防水混凝土应连续浇筑,尽量不留或少留施工缝。

⑦ 施工缝留设位置(图 3.52):

a. 墙体水平缝不应留在剪力与弯矩最大处或底板与侧墙的交接处(即底板面),应留在高出底板表面不小于 300 mm 的墙体上;

b. 拱(板)墙结合的水平施工缝宜留在拱(板)墙接缝线以下 150~300 mm 处;

c. 墙体有预留孔洞时,施工缝距孔洞边缘不应小于 300 mm;

d. 垂直施工缝应避开地上水和裂隙水较多的地段,并宜与变形缝相结合。

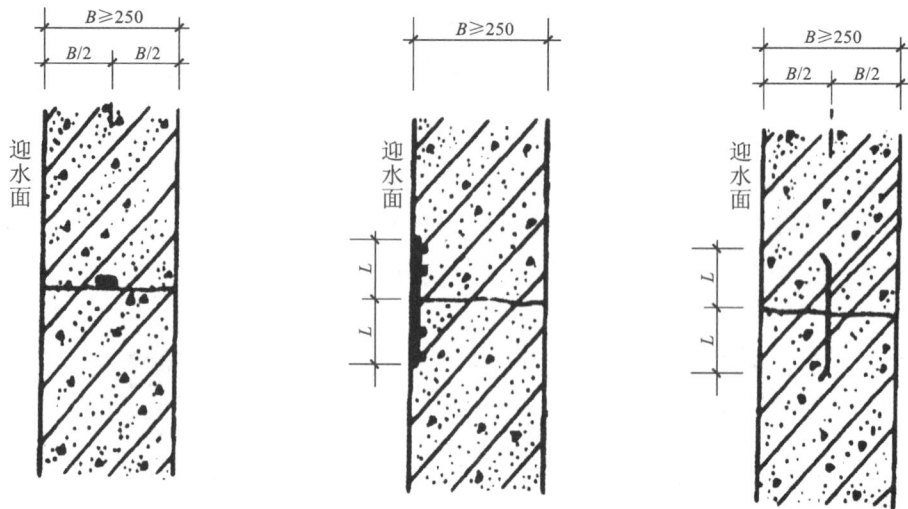

(a)施工缝中设置遇水膨胀止水条　　(b)施工缝中设置外贴止水带　　(c)施工缝中设置中埋止水带

图 3.52　施工缝构造(单位:mm)

⑧ 施工缝分为水平施工缝和垂直施工缝两种。施工缝构造形式可选用:遇水膨胀止水条(图 3.53)、外贴止水带(图 3.54)、中埋式钢板止水带(图 3.55)。

(a)遇水膨胀止水条实例　　　　　　(b)遇水膨胀止水条安装示意图

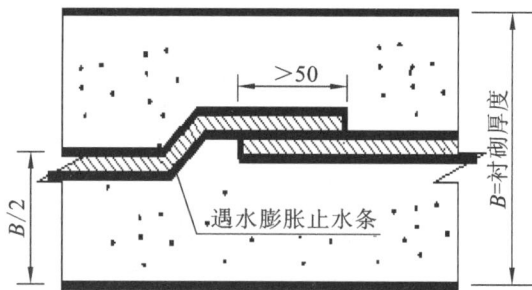

图 3.53　遇水膨胀止水条(单位:mm)

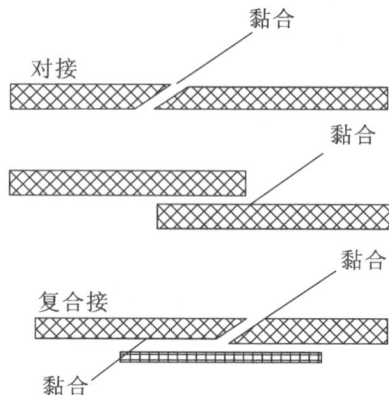

(a)外贴止水带实例　　　　　　　　(b)外贴止水带安装示意图

图 3.54　外贴止水带

（a）中埋式钢板止水带实例

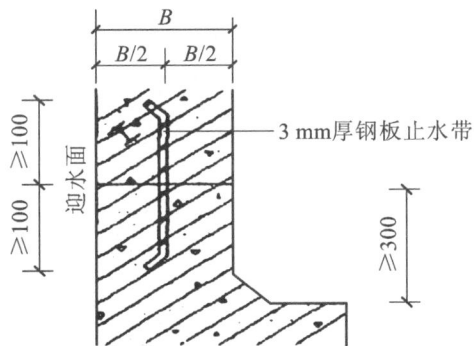

（b）中埋式钢板止水带安装示意图

（c）中埋式钢板止水带安装实例

图 3.55 中埋式钢板止水带(单位：mm)

⑨ 施工缝处后浇混凝土前，应将其表面浮浆和杂物清除并冲洗干净，先刷水泥净浆或涂刷混凝土界面处理剂，再铺 30～50 mm 厚的 1:1 水泥砂浆，并及时浇筑混凝土。

⑩浇筑前应清理模板内的杂质，模板应淋水湿润，但不应有积水。

⑪ 做好浇筑地点的坍落度检测。混凝土在浇筑地点的坍落度，每工作班至少检查两次。按要求留置试件(抗压、抗渗试件等)。防水混凝土连续浇筑每 500 m³ 应留置一组抗渗试件，一组为 6 个试件，每项工程不得小于两组。防水混凝土的抗压强度和抗渗压力必须符合设计要求。

（5）混凝土养护。

① 防水混凝土终凝后（一般浇后 4～6 h)即应开始覆盖浇水养护，时间应不少于 14 d。

② 地下构筑物应及时回填、分层夯实,以避免由于干缩和温差产生裂缝。

③ 防水混凝土结构须在混凝土强度达到设计强度40%以上时方可在其上面继续施工,达到设计强度70%以上时方可拆模。

④ 拆模时,混凝土表面温度与环境温度之差不得超过15 ℃,以防混凝土表面出现裂缝。

(6) 混凝土的检查及注意事项。

① 防水混凝土的施工质量检验,应按混凝土外露面积每100 m² 抽查1处,每处10 m²,且不得少于3处,细部构造应全数检查。

② 防水混凝土的抗压强度和抗渗压力必须符合设计要求,其变形缝、施工缝、后浇带、穿墙管道、埋设件等设置和构造均要符合设计要求,严禁有渗漏。

③ 防水混凝土结构表面的裂缝宽度不应大于0.2 mm,并不得贯通,其结构厚度不应小于250 mm,迎水面钢筋保护层厚度不应小于50 mm。地下室内壁或底板上预埋铁件用吊件或专用工具固定(图3.56),防止水沿铁件渗入室内。预埋件端至墙外表面厚度不得小于25 cm,达不到25 cm应局部加厚。

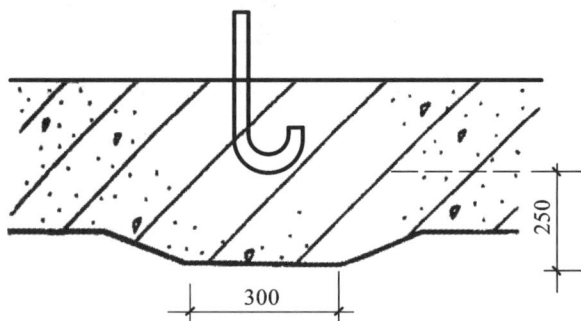

图 3.56　地下室底板上预埋螺栓(单位:mm)

④ 对于防水混凝土结构内的预埋铁件、穿墙管道等防水薄弱之处,应采取措施,仔细施工。

三、水泥砂浆防水层的施工

刚性抹面防水根据防水砂浆材料组成及防水层构造不同可分为两种:掺外加剂的水泥砂浆防水层与刚性多层抹面防水层。水泥砂浆防水层构造与接槎如图3.57所示。

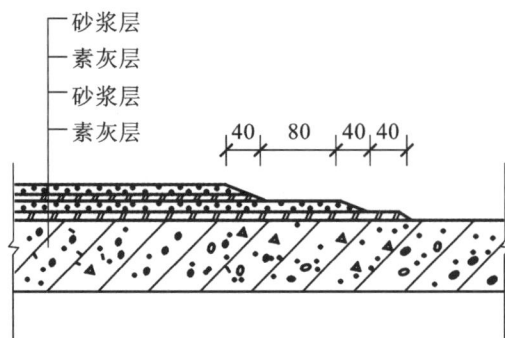

图 3.57　水泥砂浆防水层构造与接槎(单位:mm)

　　刚性多层抹面防水层主要是依靠特定的施工工艺要求来提高水泥砂浆的密实性,从而达到防水抗渗的目的。其适用于埋深不大,不会因结构沉降、温度和湿度变化及受振动等产生有害裂缝的地下防水工程,主要用于结构主体的迎水面(五层抹面)或背水面(四层抹面)。以最常用的"水泥砂浆五层刚性防水"为例,水泥砂浆防水层是用纯水泥浆和水泥砂浆分层交叉涂抹而成的,防水层涂抹的遍数由设计确定,较常采用的是 5 遍做法。

　　1. 基层要求

　　(1)水泥砂浆铺抹前,基层的混凝土和砌筑砂浆强度不低于设计值的 80%。

　　(2)基层表面应坚实、平整、粗糙、洁净,并充分湿润,无积水。

　　(3)基层表面的孔洞、缝隙应采用与防水层相同的砂浆填塞抹平。

　　2. 水泥砂浆多层抹面防水层的施工顺序

　　(1)第一层素灰层,厚 2 mm,先抹一道 1 mm 厚水泥浆,用铁抹子往返刮抹,水泥浆填充基层表面孔隙,随即再抹一道 1 mm 厚水泥浆找平层,抹完后用湿毛刷在水泥浆表面按序涂刷一遍。抹前的基层应浇水湿润。

　　(2)第二层水泥砂浆层,厚度为 6~8 mm,在水泥浆层初凝后终凝前进行,使水泥砂浆薄薄地嵌入水泥浆层厚度的 1/4 最为理想。抹平整后用木抹子拉成小毛面,或用扫帚扫出横纹。

　　(3)以上各层交替进行,最后一层水泥砂浆铺抹时,采用砂浆收水后二次抹光,随紧前一层压光。

　　3. 多层抹面防水层的施工要点

　　(1)注意素灰层与砂浆层应在同一天完成,防水层各层之间应结合牢固,不空鼓。

　　(2)待第二层砂浆层终凝,并且具有一定强度后做第三层。

　　(3)一般顺序为先平面后立面。

　　(4)每层宜连续施工,尽可能不留施工缝,必须留施工缝时,应采用阶梯坡形槎,接槎要依照层次顺序操作,层层搭接紧密,一般留在地面上,亦可留在墙面上,但均需离开阴阳角不小于 200 mm。

　　(5)防水层的阴阳角应做成圆弧形。

　　4. 多层抹面防水层的注意事项及养护

　　(1)水泥砂浆防水层不宜在雨天及 5 级以上大风中施工,冬季施工温度不应低于 5 ℃,夏季不应在 35 ℃以上或烈日照射下施工。

　　(2)采用普通水泥完成的防水面层,在铺抹的面层终凝后应及时进行养护。一般不超过 24 h,即进行喷、浇水养护,保持湿润,养护时间不得少于 14 d。养护时不能碰坏、踏坏防水层。有条件可喷刷养护液养护。

　　(3)聚合物水泥砂浆防水层未达硬化状态时,不得浇水养护或受雨水冲刷,硬化后应采用干湿交替的养护方法。

四、地下室卷材防水层施工

　　1. 铺贴方案

　　地下防水工程一般把卷材防水层设置在建筑结构的外侧,称为外防水。它与卷材防水层设在结构内侧的内防水相比较,具有以下优点:外防水的防水层在迎水面,受压力水的作用紧压在结构上,防水效果良好;外防水的渗漏概率比内防水小。因此,一般多采用外防水。

外防水有两种设置方法,即外防外贴法和外防内贴法。

(1)外防外贴法:将立面卷材防水层直接铺设在需防水结构的外墙外表面。该方法适用于防水结构层高大于 3 m 的地下结构防水工程。

(2)外防内贴法:浇筑混凝土垫层后,在垫层上将永久保护墙全部砌好,将卷材防水层铺贴在永久保护墙和垫层上。该方法适用于防水结构层高小于 3 m 的地下结构防水工程。

2. 施工工序

(1)外防外贴法。

底板:垫层→卷材防水层→底板。

墙体:主体结构墙体→卷材防水层→保护层墙。

外防外贴法施工程序:浇筑垫层→砌永久性保护墙→砌临时保护墙→墙上粉刷水泥砂浆找平层→转角处铺贴附加防水层→铺贴底板防水层→浇筑底板和墙体混凝土→防水结构外墙水泥砂浆找平层→立面防水层施工→验收、保护层施工。

(2)外防内贴法。

底板:垫层→卷材防水层→底板。

墙体:保护层墙→卷材防水层→主体结构墙体。

外防内贴法施工程序:浇筑垫层→砌永久性保护墙→墙上粉刷水泥砂浆找平层→转角处铺贴附加防水层→立面防水层施工→铺贴底板防水层→浇筑底板和墙体混凝土→验收。

3. 施工要点

(1)外防外贴法施工。

① 做底板的混凝土垫层。

② 在垫层上砌永久保护墙(底板厚+100 mm);墙下干铺一层油毡隔离层。

③ 在永久保护墙上用低强度的砂浆砌临时保护墙(300 mm)或支模代替保护墙。

④ 在混凝土垫层上和永久保护墙部位抹 1:3 水泥砂浆找平层,在临时性保护墙上抹 1:3 白灰砂砂浆找平层,转角部位抹成圆角。

⑤ 找平层干燥后,涂刷基层处理剂(或称冷底子油)。在正式铺贴卷材之前,先在立墙与平面交接处做附加层处理。附加层宽度一般为 300~500 mm。

⑥ 铺贴平面和立面卷材防水层。在平面与立面相连的卷材,应先铺贴平面,然后由下向上铺贴立面,并使卷材紧贴阴角,不应空鼓。从底面折向立面的卷材与永久性保护墙的接触部位,应采用空铺法施工;与临时保护墙或围护结构模板接触的部位,可虚铺卷材并将卷材分层固定在临时保护墙或模板的上端。

⑦ 卷材防水层铺设完毕,经全面检查验收合格后,对基层的平面部位,可在卷材防水层的表面上,虚铺一层石油沥青纸胎油毡做保护隔离层。

⑧ 油毡保护隔离层铺设后,对平面部位可浇筑 40~50 mm 厚的细石混凝土保护层。在细石混凝土刚性保护层养护固化后,即可按照施工和验收规范或设计要求绑扎钢筋和

浇筑结构混凝土底板与墙体(图 3.58)。

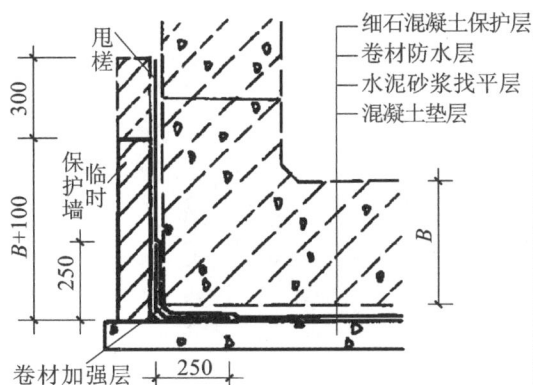

（a）外贴法平面构造　　　　　　（b）地下室平面防水实例

图 3.58　平面防水(单位:mm)

⑨ 待底板钢筋混凝土结构及立墙结构施工完毕,拆去临时保护墙,在需做卷材防水的结构外墙面(立面上)表面抹 1:3 水泥砂浆找平层。将接槎(临时固定)部位卷材揭开,清除卷材表面浮灰及污物,注意切勿将卷材损坏,并在墙体找平层上满涂底子油后,将卷材按铺贴要求牢固地粘贴在主体墙上。对于接槎的搭接长度,高聚物改性沥青卷材为 150 mm,合成高分子卷材为 100 mm。当使用两层卷材时,卷材应错开 1/3～1/2 幅宽,并不得互相垂直铺贴。接槎处,上层卷材应盖过下层卷材(图 3.59)。

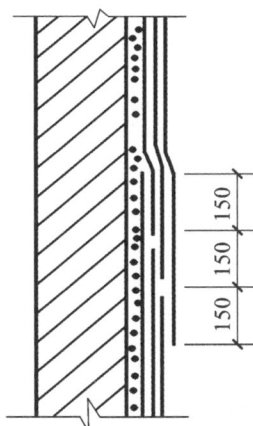

（a）外贴法立面构造　　　　　　（b）地下室立面防水

图 3.59　立面防水(单位:mm)

⑩ 卷材防水层施工完毕,经过验收合格,应做保护层(如粘贴 5～6 mm 厚聚乙烯泡沫塑料片材),如图 3.60 所示。

(2) 外防内贴法施工。

① 做底板的混凝土垫层。

② 砌永久保护墙。

③ 在已浇筑的混凝土垫层和砌筑的永久性保护墙上,以 1:3 的水泥砂浆抹找平层,要求抹平压光,无空鼓和起砂、掉灰现象。

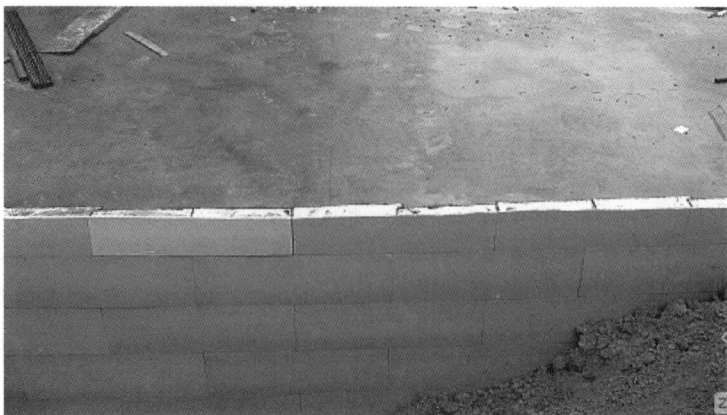

图 3.60　地下室保护层

④ 找平层干燥后,即可涂刷基层处理剂并铺贴卷材防水层。

⑤ 施工时应先在转角处铺贴附加层,先铺转角,后铺大面。

⑥ 应先铺垂直面,后铺水平面;其具体铺贴方法与外防外贴法基本相同。

⑦ 卷材铺完经验收合格后即应做好保护层。

a. 立面:抹水泥砂浆或贴泡沫塑料板(如粘贴 5～6 mm 厚聚乙烯泡沫塑料片材)或用氯丁系胶黏剂粘铺石油沥青纸胎油毡。

b. 平面:抹水泥砂浆或虚铺油毡保护隔离层后,浇筑厚度不小于 50 mm 的细石混凝土。

按照施工及验收规范或设计要求,绑扎钢筋和浇筑结构自防水的底板和墙体,将防水层压紧。

五、结构细部构造防水的施工

1. 变形缝

在变形缝处应增加卷材附加层,附加层可视实际情况采用合成高分子防水卷材、高聚物改性沥青防水卷材等。

常见的变形缝止水带材料包括:橡胶止水带(图 3.61)、塑料止水带、氯丁橡胶止水带。

图 3.61　橡胶止水带

止水带宜用专用钢筋套、扁钢等专用卡具固定,或用铅丝和模板等固定。止水带不得穿孔或用铁钉固定,损坏处应修补,如需穿孔,只能选在止水带的边缘安装区,不得损伤其他部分。在浇筑混凝土时避免发生位移,保证止水带在混凝土中的正确位置。施工过程中,止水带必须固定牢固、平直,不能有扭曲现象。

变形缝处防水做法如图 3.62 所示。

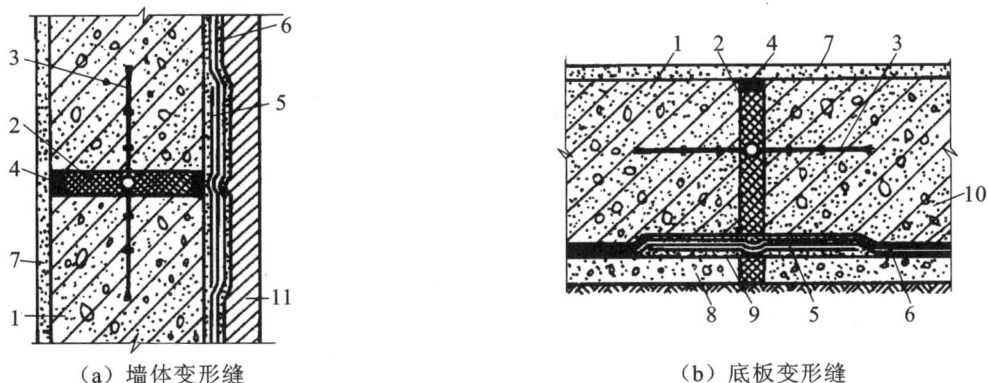

（a）墙体变形缝　　　　　　（b）底板变形缝

图 3.62　变形缝处防水做法

1—需防水结构;2—浸过沥青的木丝板;3—止水带;4—填缝油膏;
5—卷材附加层;6—卷材防水层;7—水泥砂浆面层;8—混凝土垫层;
9—水泥砂浆找平层;10—水泥砂浆保护层;11—保护墙

2. 后浇带的处理

后浇带是对不允许留设变形缝的防水混凝土结构工程采用的一种刚性接缝。

防水混凝土基础后浇带留设的位置及宽度应符合设计要求。其断面形式可留成平直缝或阶梯缝,但结构钢筋不能断开。

后浇带的混凝土施工,应在其两侧混凝土浇筑完毕并养护六个星期、待混凝土收缩变形基本稳定后再进行。

底板后浇带处先做防水卷材附加层,再进行大面卷材防水施工。在绑扎底板钢筋时,用附加钢筋将橡胶止水带和钢板止水带分别固定在底板后浇带的底部和中间。底板后浇带防水构造如图 3.63 所示。

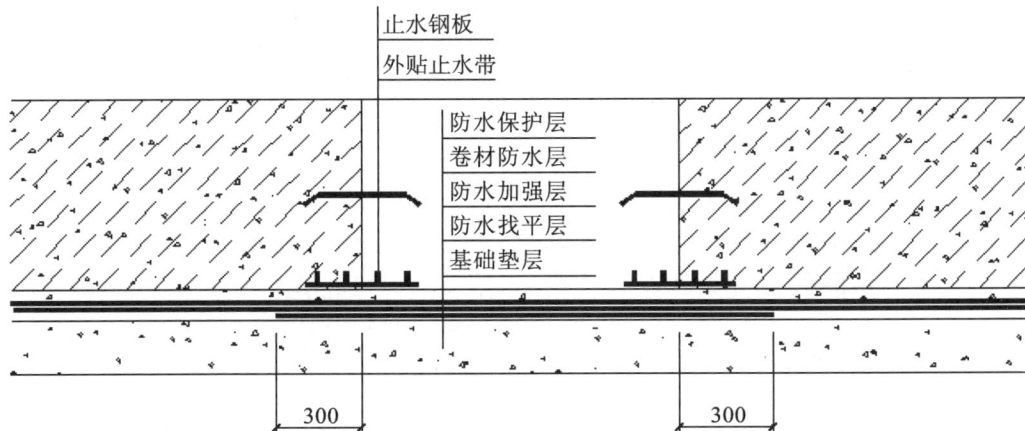

图 3.63　底板后浇带防水构造(单位:mm)

后浇带混凝土浇筑前,两侧接缝处的混凝土表面应凿毛、清洗干净、保护湿润。应优先选用补偿收缩的混凝土,其强度等级不得低于两侧混凝土的强度等级。宜选择在气温较低的季节施工。

六、地下防水工程渗漏及防治方法

地下防水工程出现的渗漏水病害,直接影响着工程结构的安全、生产设备的寿命,给人们的正常生产、生活带来极大危害。因此,必须及时采取有效措施进行治理。渗漏水治理应遵循"堵排结合、因地制宜、刚柔相济、综合治理"的原则。地下工程渗漏水常见类型有孔渗漏、缝渗漏及面渗漏。

目前较常用的堵漏法包括抹面堵漏法和注浆堵漏法。抹面堵漏法,其特点是先堵漏、后抹面。堵漏的原则是以大化小,将面漏变成线漏、线漏变成点漏,最后一堵成功。堵漏后,应进行抹面防水施工,这一工序与堵漏同等重要,可以防止因地下水位的变化以及堵漏施工不周所致的在原漏点以外的薄弱部位又产生渗漏。这种做法适用于大面积渗漏的修堵治理。

注浆堵漏法,是根据工程渗漏水的情况(水的流量、流速)以及渗漏部位,布置注浆孔,并选择适宜的注浆设备和注浆材料,将浆液压入裂缝及孔隙的深部至注满并固化,从而达到治理渗漏的目的。

1. 抹面堵漏法

(1)大面积渗漏水。

大面积渗漏水在渗漏工程中比较普遍,其特征为渗水点有大有小且分布密集,渗水面积大。

大面积严重渗漏,首先应尽可能采取措施降低地下水位,以便在无水情况下进行修堵施工;当无法降低地下水位时,应先行引水泄压,再涂抹快凝止水材料,使面漏变成线漏、线漏变为点漏(可集中为若干点),最后将漏水点封堵,再进行大面积抹面。

大面积慢渗,漏水不明显,但湿渍常在。这种情况可采用速凝材料直接封堵,再进行防水砂浆抹面,或涂抹水泥基结晶型防水涂料等。

(2)孔洞漏水。

在渗漏水较严重的情况下,按"以大化小"的顺序,通常将面、线漏水引导为若干"点"或"孔"漏,因此,孔洞堵漏是最常用的做法,必须迅速止水,取得立竿见影的效果。孔洞堵漏的方法如下。

① 直接堵塞法。

一般在水压不大(水压 2 N 以下)、孔洞较小的情况下,根据渗漏水量大小,以漏点为圆心剔成凹槽(直径×深度为 1 cm×2 cm、2 cm×3 cm、3 cm×5 cm),凹槽壁尽量与基层面垂直,并用水将凹槽冲洗干净。用配合比为 1:0.6 的水泥胶浆(快凝水泥胶浆:以水玻璃为主,并与硫酸铜、重铬酸钾及水配制而成的促凝剂和水泥拌制而成。使用时,注意随拌随用)捻成与凹槽直径相接近的圆锥体,待胶浆开始凝固时,迅速将胶浆用力堵塞于凹槽内,并向槽壁四周挤压严实,使胶浆立即与槽壁紧密黏合,堵塞持续半分钟即可,随即按漏水检查方法进行检查,确定无渗漏后,抹上防水层。

② 下管堵漏法。

水压为 2～4 N,孔洞较大,可按下管堵漏法处理(图 3.64)。

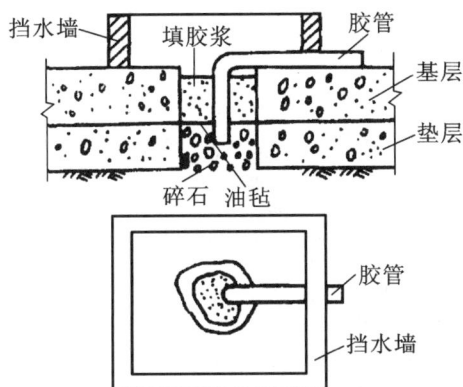

图 3.64　下管堵漏法

　　下管堵漏法是将漏水处剔成孔洞,深度视漏水情况决定,在孔洞底部铺碎石,碎石上面盖一层与孔洞面积大小相同的油毡(或铁片),用一胶管穿透油毡到碎石中。如系地面孔洞漏水,则在漏水处四周砌筑挡水墙,将水引出墙外。然后用促凝剂水泥胶浆(水灰比为 0.8～0.9)把孔洞一次灌满,待胶浆开始凝固时,立即用力将孔洞四周压实,并使胶浆表面略低于基层面 1～2 cm。擦干表面,经检查孔洞四周无渗水时,抹上防水层的第一、二层,待防水层有一定强度后,将管拔出,采用直接堵塞法将管孔堵塞,最后抹防水层的第三、四层等。

③ 木楔子堵漏法。

　　本法适用于水压很大(水位在 5 m 以上)、漏水孔洞不大的情况。用胶浆把一铁管(管径视漏水量而定)稳牢于漏水处剔成的孔洞内,铁管顶端应比基层面低 2 cm,管四周空隙用砂浆、素灰抹好,待有一定强度后,把一浸过沥青的木楔打入管内,管顶处再抹素灰、砂浆等,经 24 h 后,检查无漏水现象,随同其他部位一起做好防水层(图 3.65)。

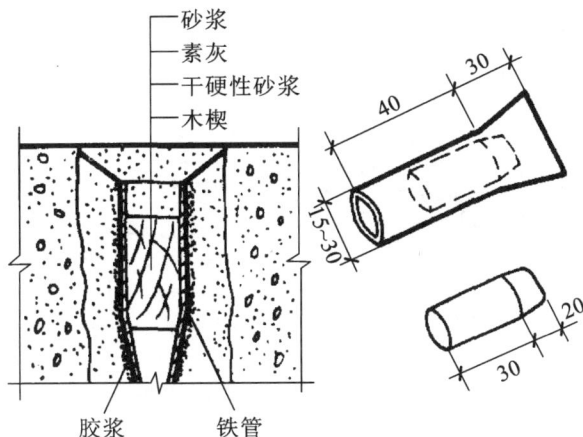

图 3.65　木楔子堵漏法(单位:mm)

（3）裂隙漏水。

① 直接堵塞法。

水压较小的裂缝慢渗、快渗或急流漏水,可采用裂缝漏水直接堵塞法处理(图3.66)。先沿缝方向以裂缝为中心剔成八字形边坡沟槽,并清洗干净,把拌和好的水泥胶浆捻成条形,待胶浆快要凝固时,迅速填入沟槽中,向槽内或槽两侧用力挤压密实,使胶浆与槽壁紧密结合,若裂缝过长可分段堵塞。堵塞完毕经检查无渗水现象,用素灰和砂浆把沟槽抹平并扫成毛面,凝固后(约24 h)随其他部位一起做好防水层。

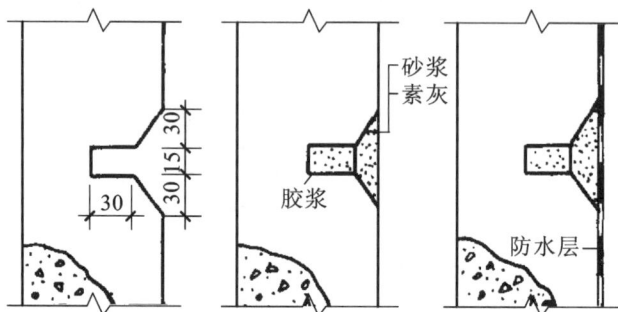

图3.66　裂缝漏水直接堵塞法(单位:mm)

② 下线堵漏法。

下线堵漏法适用于水压较大的慢渗或快渗的裂缝漏水处理(图3.67)。先按裂缝漏水直接堵塞法一样剔好沟槽,在沟槽底部沿裂缝放置一根小绳(直径视漏水量确定),长度为20~30 cm,将胶浆和绳填塞于沟槽中,并迅速向两侧压密实。填塞后,立即把小绳抽出,使水顺绳孔流出。缝隙较长时可分段堵塞,每段间留2 cm空隙。根据漏水量大小,在空隙处采用下钉法或下管法使其缩小。下钉法是把胶浆包在钉杆上,插于2 cm的空隙中,待胶浆快要凝固时,用力将胶浆向空隙四周压实,同时转动钉杆立即拔出,使水顺钉眼流出。经检查除钉眼处其他部位无渗水现象,沿沟槽抹素灰、砂浆各一层。待凝固后,再按孔洞漏水直接堵塞法将钉眼堵塞。

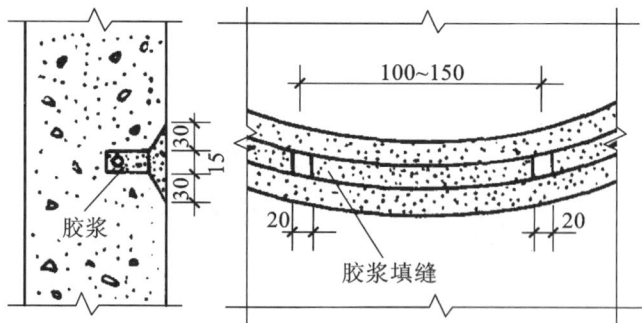

图3.67　下线堵漏法(单位:mm)

③ 下半圆铁片堵漏法。

水压较大的急流漏水裂缝,可采用下半圆铁片堵漏法处理(图3.68)。处理前,把漏水处剔成八字形边坡沟槽,尺寸可视漏水量大小而定。沟槽底部扣上半圆铁片,每隔50~100 cm放一个带有圆孔的半圆铁片,把胶管插入铁片孔内。处理时,按裂缝漏水直接堵塞法分段堵塞,漏水顺管流出。经检查无渗漏后,在缝隙处抹一、二层防水层,凝固后拔出胶管,按孔洞漏水直接堵塞法将管眼堵好,最后随其他部位一起做好防水层。

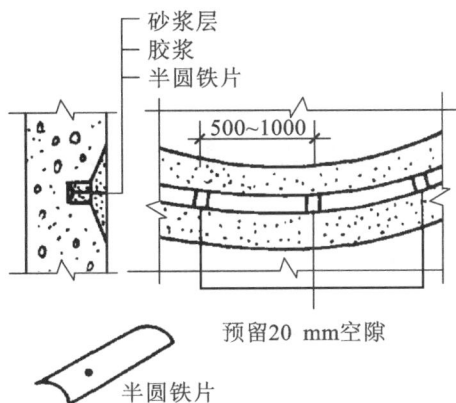

图 3.68 下半圆铁片堵漏法(单位:mm)

2.注浆堵漏法

注浆堵漏是处理地下结构渗漏水的有效方法之一。

(1)注浆孔的设置。

① 布置注浆孔。

注浆孔的位置、数量及其埋深,与被注结构的漏水缝隙的分布、特点及其强度、注浆压力、浆液扩散范围等均有密切关系,合理地布孔是获得良好堵水效果的重要因素,其主要原则如下。

a.注浆孔位置的选择应使注浆孔的底部与漏水缝隙相交,选在漏水量最大的部位,以达到导水性好(出水量大,几乎引出全部漏水)的目的。一般情况下,水平裂缝宜沿缝由下向上造斜孔;垂直裂缝宜正对缝隙造直孔。

b.注浆孔的深度不应穿透结构物,留 $10\sim20$ cm 长度为安全距离。双层结构以穿透内壁为宜。

c.注浆孔的孔距应视漏水压力、缝隙大小、漏水量多少及浆液的扩散半径而定,一般为 $50\sim100$ cm。

② 埋设注浆嘴。

一般情况下,埋设的注浆嘴应不少于两个,即设一嘴为排水(汽)嘴,另一嘴为注浆嘴。如单孔漏水亦可埋一个注浆嘴。

压环式注浆嘴插入钻孔后,用扳手转动螺母,即压紧活动套管和压环,使弹性橡胶圈向孔壁四周膨胀并压紧,使注浆嘴与孔壁连接牢固。

楔入式注浆嘴缠麻后(缠麻处的直径应略大于孔直径),用锤将其打入孔内。

埋入式注浆嘴的埋设处,应事先用钻子剔成孔洞,孔洞直径要比注浆嘴的直径略大 $3\sim4$ cm。将孔洞内清洗干净,用快凝胶浆把注浆嘴稳固于孔洞内,其埋深应不小于 5 cm(图 3.69)。

(2)封闭漏水部位。

注浆嘴埋设后,除注浆嘴内漏水外,其他凡有漏水现象或有可能漏水的部位(在一定

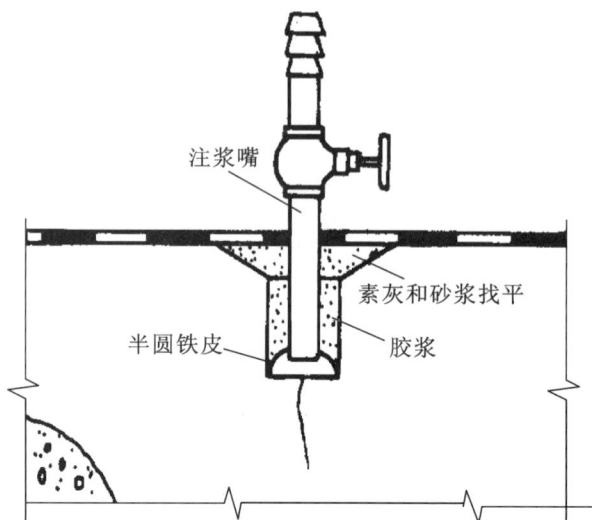

图 3.69　埋入式注浆嘴的埋设

范围内)都要采取封闭措施,以免出现漏浆、跑浆现象。

(3)试注。

试注应在漏水处封闭和埋设注浆嘴后并具有一定的强度时进行。试注时采用颜色水代替浆液,以计算注浆量、注浆时间,为确定浆液配合比、注浆压力等提供参考。同时观察封堵情况和各孔连通情况,以保证注浆正常进行。

(4)安装与检查。

安装并检查注浆机具,以确保在注浆施工中的安全使用。

(5)注浆。

选其中一孔注浆(一般选择在较低处及漏水量较大的注浆嘴),待多孔见浆后,立即关闭各孔,仍持续压浆,注浆压力应大于渗漏水压力,使浆液沿着漏水通道逆向推进。注到不再进浆时,停止压浆,立即关闭注浆嘴(为防止浆液回流,堵塞注浆管道,应先关闭注浆嘴的阀门,再停止压浆)。注浆结束后,应将注浆孔及检查孔封填密实。

注浆后,应立即清洗灌浆机具,便于下次使用。丙凝和水泥浆液的灌浆机具用水冲洗,聚氨酯灌浆机具用丙酮或二甲苯清洗。

(6)效果观察。

待浆液凝固后,剔除注浆嘴,观察注浆堵漏效果,必要时可重复注浆。

任务四　室内其他部位防水施工

任务目标

以卫生间楼地面聚氨酯防水地面为例,了解室内防水施工工艺,熟悉工艺流程,掌握施工要点。

卫生间、厨房等部位面积小,穿墙管道长期处于潮湿受水状态,是建筑物中的重要防水工程部位。厕浴间、厨房等室内的楼地面应优先选用涂膜防水尤其是高弹性的涂膜防水作为防水层设防。本任务以卫生间楼地面聚氨酯防水地面为例,介绍防水做法。

一、基层处理

(1)用 1∶3 水泥砂浆找平。要求抹平压光无空鼓,表面要坚实,不应有起砂、掉灰现象。

(2)管道根部的周围应略高于地面,地漏的周围应略低于地面。

(3)阴阳角处要抹成半径不小于 10 mm 的小圆弧。

(4)管件、卫生洁具等与找平层连接处,安装牢固,收头圆滑,按设计要求用密封膏嵌固。

(5)基层必须干燥,基层表面均匀泛白、无明显水印时,才能进行涂膜防水层施工。

(6)施工前要把基层表面的尘土、杂物彻底清扫干净。

(7)穿楼板管道的防水做法:管根孔洞在立管定位后,楼板四周缝隙用 1∶3 水泥砂浆堵严;缝大于 20 mm 时,采用细石混凝土堵严;管根与混凝土之间应留凹槽,槽深10 mm、宽 20 mm,槽内嵌填密封膏。

(8)地漏细部的防水做法:地漏管根与混凝土之间应留凹槽,槽深 10 mm、宽20 mm,槽内嵌填密封膏,从地漏边缘向外 50 mm 内排水坡度为 5%。

二、施工工艺及要点

工艺流程:清理基层表面→细部处理→配制底胶→涂刷底胶(相当于冷底子油)→细部附加层施工→第一遍涂膜→第二遍涂膜→第三遍涂膜防水层施工→防水层一次试水→保护层饰面层施工→防水层二次试水→防水层验收。

1. 清理基层

防水层施工前,应将基层表面的尘土等杂物清除干净,并用干净的湿布擦一次。基层表面,不得有凸凹不平、松动、空鼓、起砂、开裂等缺陷,含水率一般不大于 9%。

2. 细部处理

(1)穿楼板管道的防水做法:管根孔洞在立管定位后,楼板四周缝隙用 1∶3 水泥砂浆堵严;缝大于 20 mm 时,采用细石混凝土堵严;管根与混凝土之间应留凹槽,槽深10 mm、宽 20 mm,槽内嵌填密封膏。

(2)地漏细部的防水做法:地漏管根与混凝土之间应留凹槽,槽深 10 mm、宽20 mm,槽内嵌填密封膏,从地漏边缘向外 50 mm 内排水坡度为 5%。

3. 涂刷底胶

基层底胶应与涂膜防水材料匹配。

4. 细部附加层施工

地面的地漏、管根、出水口,卫生洁具等根部(边沿)、阴、阳角等部位,应在大面积涂刷前先做一布二油防水附加层,两侧各压交界缝 200 mm。涂刷防水材料的具体要求:常温 4 h 表干后,再刷第二道涂膜防水材料;24 h 实干后,即可进行大面积涂膜防水层施工。

5. 涂膜防水层

第一道涂膜防水层:将已配好的聚氨酯涂膜防水材料用塑料或橡皮刮板均匀涂刮在已涂好底胶的基层表面,不得有漏刷和鼓泡等缺陷,各整体防水层在墙根处应向上卷起至少 200 mm,门口铺出 300 mm 宽。固化 5 h 以上(时间间隔根据环境温度和涂膜固化程度控制)至基本不粘手时,可进行第二道涂层施工。

第二道涂层:在已固化的涂层上,采用与第一道涂层相互垂直的方向将涂膜均匀涂刷在涂层表面,涂刮量与第一道相同,不得有漏刷和鼓泡等缺陷。

固化后,分别再按上述配方和方法涂刮第三道涂膜和第四道涂膜,相邻两层涂膜涂刷方向应相互垂直。涂膜厚度应符合设计要求(通常不小于 2 mm)。

6. 防水层试水

防水层施工完成后,经过 24 h 以上的蓄水试验(闭水试验),自顶板下方观测管道周边和其他墙边角处等部位无渗水、湿润现象。如有渗漏,应进行补修,至不出现渗漏为止。

保护层施工:蓄水试验合格后,即可铺设一层厚度为 15 ~ 25 mm 的水泥砂浆保护层。

三、卫生间涂膜防水施工注意事项

(1)防水材料存放和使用场地通风良好,严禁烟火,配备足够的消防器材。

(2)先加强细部附加层,后进行大面施工。

(3)施工中应控制基层含水率,防止防水层空鼓。

(4)防水层渗漏水,多发生在穿过楼板的管根、地漏、卫生洁具及阴阳角等部位,原因是管根、地漏等部件松动、黏结不牢、涂刷不严密或防水层局部损坏,部件接槎封口处搭接长度不够。在涂膜防水层施工前,应认真检查并加以修补。

(5)必须等所选用的防水涂料的涂层完全凝固后才能进行蓄水试验。经蓄水试验合格,无渗漏现象,方可进行刚性保护层的施工。

(6)做好成品保护。施工过程中,严禁上人踩踏未完全干燥的涂膜防水层。施工后不穿带钉鞋出入室内,以免破坏防水层;凸出地面管根、地漏、排水口、卫生洁具等处的周边防水层不得碰损,部件不得变位;地漏、排水口等处应保持畅通,施工中要防止杂物掉入,蓄水试验后应进行认真清理。

项目四　建筑装饰装修工程

任务一　建筑装饰装修工程基本知识

任务目标

　　了解建筑装饰装修工程的定义、施工内容及施工特点;掌握建筑装饰装修工程施工的基本要求。

一、建筑装饰装修工程的定义

　　装饰装修工程是指为保护建筑物的主体结构、完善建筑物的使用功能和美化建筑物,采用装饰装修材料或饰物,对建筑物的内外表面及空间进行的各种处理过程。

二、建筑装饰装修工程的施工内容

　　(1)按照建筑部位不同,建筑装饰装修工程施工可分为墙面施工、地面施工、天面施工、门窗施工等。墙面施工包括涂饰、瓷砖、大理石、花岗岩、铝扣板等的施工;地面施工包括瓷砖、木地板、石材等的施工;天面施工包括吊顶施工;门窗施工包括木门窗、金属门窗、塑料门窗等的施工。

　　(2)根据建筑的使用功能不同,建筑装饰装修工程施工可以大致分为抹灰、涂饰、吊顶、门窗、饰面板、饰面砖、轻质隔墙、幕墙、裱糊与软包等。

三、建筑装饰装修工程的施工特点

　　建筑装饰装修工程施工具有以下特点:施工项目繁多、工程量大、工期长、涉及的工种多、用工量大。随着人们对建筑物美观与舒适要求的提高,装饰装修材料、施工工艺不断推陈出新。为保证建筑装饰装修工程的施工质量及装饰效果,施工时要精益求精,慢工出细活。

四、建筑装饰装修施工的基本规定

　　建筑装饰装修工程施工必须遵守如下基本规定。

　　(1)施工单位。承担建筑装饰装修工程施工的单位应具备相应的资质,并应建立质量管理体系。施工单位应编制施工组织设计并应经过审查批准。施工单位应按有关的施工工艺标准或审定的施工技术方案施工,并应对施工全过程实行质量控制。

（2）施工人员。承担建筑装饰装修工程施工的人员应有相应的岗位资格证书。装饰装修施工新材料、新工艺较多，即使是传统的施工项目（例如贴瓷砖等），施工人员的操作水平不同，施工效果也不一样，所以要选择有相应岗位资格证书的施工人员。

（3）施工质量。建筑装饰装修工程的施工质量应符合设计和规范要求；违反设计文件和规范的规定而造成的质量问题，应由施工单位负责。

（4）在建筑装饰装修工程施工中，严禁违反设计文件，擅自改动建筑主体、承重结构或主要使用功能；严禁未经设计确认和有关部门批准，擅自拆改水、暖、电、燃、气、通信、配套设施。

（5）施工单位应遵守有关环境保护的法律法规，并应采取有效措施控制施工现场的各种粉尘、废气、废弃物、噪声、振动等对周围环境造成的污染和危害。

（6）施工单位要遵守有关施工安全、劳动保护、防火和防毒的法律、法规，并应建立相应的管理制度，配备必要的设备、器具和标识。为了装饰装修施工的顺利进行，许多围栏、挡板等安全防护设施必须拆除，但是临边、洞口等危险作业面仍旧存在，爬高作业也不可避免，施工过程中必须做好施工人员的安全防护及临时防护。建筑装饰装修工程中所使用的很多材料，包括墙体保温材料、涂料油漆、各种胶黏剂等，很多是易燃、易爆的物品，会挥发一些对人体有毒、有害的物质，因此对施工安全、劳动防护、防火防毒不能掉以轻心。

（7）建筑装饰装修工程应该在基体或基层的质量验收合格后施工。装饰装修的各种饰面都要做在基体或基层表面，如果基体或基层质量不合格，饰面层基本不会合格。而基体或基层和装饰面层的工种不同，施工班组不同，甚至有时施工单位也不同，因此必须要先验收基体或基层，然后再进行面层装修。

（8）建筑装饰装修工程施工前应有主要材料、主要工艺的样板或做样板间，并应经有关各方确认。

装饰装修材料种类繁多，花色各异，效果图和材料实物的效果可能会有差异，选装修材料一般要看实物样板，经实物比对，才能挑选出最符合要求的材料，如图 4.1～图 4.3所示。

图 4.1 瓷砖材料样板　　图 4.2 外墙涂料施工工艺样板　图 4.3 外墙砖镶贴工艺样板

（9）墙面采用保温材料的建筑装饰装修工程，所用保温材料的类型、品种、规格和施工工艺要符合设计要求（图 4.4）。现在对建筑节能的要求越来越高，作为外围护结构的墙面一般都有保温、隔热的要求，因此墙面保温材料必须符合设计要求。

图 4.4　保温板

（10）管道、设备等的安装及调试应在建筑装饰装修工程施工前完成，当必须同步进行时，应在饰面层施工前完成。建筑装饰装修工程不得影响管道、设备等的使用和维修。涉及燃气管道的建筑装饰装修工程，必须符合有关安全管理的规定。

（11）建筑装饰装修工程的电气安装应符合设计要求和国家现行标准的规定，严禁不经穿管直接埋设电线。管线一般预埋在楼板和砌体内，但是在装修施工时经常会遇到开关、插座、电器位置改变的情况，这时必须规范开槽，穿管埋线。

（12）室内外装饰装修工程施工的环境条件应满足施工工艺的要求，施工环境温度不得低于 5 ℃，当必须在低于 5 ℃气温下施工时，应采取保证工程质量的有效措施；环境温、湿度对装饰装修施工质量影响非常大，因此必须在适宜的环境条件下施工，否则就需要人工干预，比如开空调、吹暖风、照红外灯、开加湿器等。

（13）建筑装饰装修工程施工过程中要做好半成品、成品的保护，防止污染和损坏（图4.5）。装饰装修工程施工时不可避免会有不同工种交叉施工，比如安装门窗框和抹灰、贴瓷砖等饰面工序，这时就必须保护好门窗框防止被灰浆污染，比如安装卫生洁具与抹灰、贴瓷砖等饰面工序，也必须保护好洁具及其下水管道，防止被灰浆沾染或堵塞。

（14）建筑装饰装修工程验收前一定要做到工完场清（图 4.6）。

图 4.5　建筑装饰装修工程中的成品保护

室内装修后，可以入住

图 4.6　施工现场工完场清

任务二　墙面工程施工

任务目标

了解抹灰工程分类、抹灰工程分层及要求;掌握抹灰工程的施工准备、施工工艺及施工要点。

一、知识准备

1.抹灰工程分类

抹灰工程分类如图 4.7 所示。

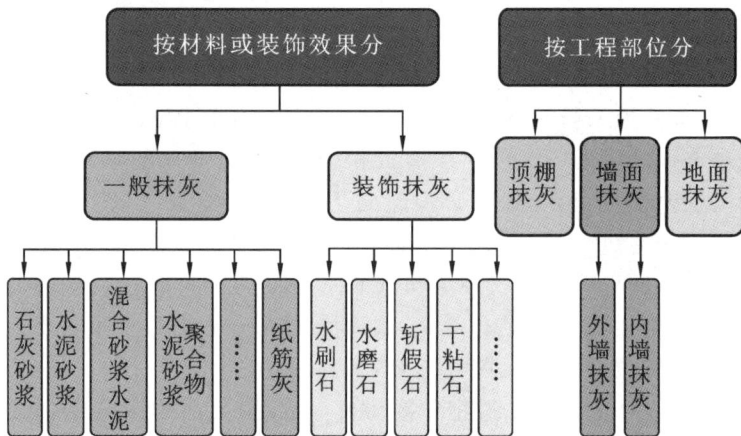

图 4.7　抹灰工程分类

2.抹灰工程施工特点及发展方向

抹灰工程施工工程量大,手工作业多,劳动力耗用较多,技术要求较高,因此,近年来建筑施工机械化、智能化的一个研发方向就是开发抹灰机器人,用机械抹灰取代人工作业。

3.抹灰工程的分层组成及要求

抹灰应分层抹压,每层厚度和总厚度应有一定的控制,控制厚度的目的主要是防止抹灰层脱落。抹灰层的总厚度应符合设计要求。

当抹灰总厚度≥35 mm 时,应采取加强措施防止抹灰层开裂剥落,常用抹灰层内加设钢丝网、玻纤网格布等措施。

抹灰层的组成包括底层、中层和面层。

底层:起黏结作用,砂浆应与基层相适应,厚度为 5～7 mm,兼初步找平作用。

中层:起找平作用,厚度为 5～12 mm。

面层:起装饰作用,厚度为 2～5 mm,要求涂抹光滑、洁净。

各层抹灰层的强度要求为底层＞中层＞面层,如水泥砂浆不得抹在石灰砂浆层上。

二、作业条件

(1)识读建筑施工图中关于抹灰施工的要求、参数等;明确施工顺序,制定抹灰方案,做好技术交底和安全交底。

(2)搭设好抹灰用脚手架,确保安全操作。

(3)抹灰层在基层上施工,基层处理不干净或处理不好,容易造成抹灰面出现空鼓、裂缝、脱落等质量通病。抹灰基层包括砌体、混凝土等,在抹灰施工前,基层施工班组和抹灰施工班组间应对基层进行交接检验,确认基层质量是否满足抹灰施工要求,并对基层进行必要的处理。

三、施工准备

1. 材料准备

抹灰用砂浆有自拌砂浆和商品砂浆,目前多数项目仍采用自拌砂浆,但是随着施工标准化、工业化程度越来越高,商品砂浆的使用会越来越广泛。自拌砂浆要对砂浆原材料(水泥、砂、石灰等)进行检查验收,商品砂浆则需要供应商提供相应质量证明文件并进行必须的检验。

(1)水泥:保质期内(三个月)的普通硅酸盐水泥或白水泥,强度不小于32.5 MPa;凝结时间和安定性复验应合格。

(2)砂:一般用中砂,细、粗砂亦可用,但特细砂不宜用;颗粒坚硬、洁净,杂质含量不超过3%,施工时应过筛;对有抗渗性要求的砂浆,以颗粒坚硬洁净的细砂为宜。

(3)石灰膏或者磨细生石灰粉:抹灰用的石灰膏的熟化期不应少于15 d;罩面用的磨细生石灰粉的熟化期不应少于3 d。在熟化期间,石灰浆表面应保留一层水,以使其与空气隔开而避免炭化,已炭化或冻结风化的石灰膏不得使用。生石灰保质期不宜超过一个月。

(4)石膏:符合质量标准且在保质期内。

(5)纤维:为防止抹灰层开裂,在砂浆中掺入的各种天然纤维(麻刀、纸筋等)或人造纤维。纤维应洁净、纤细,使用前应浸透打乱。

(6)钢丝网或玻璃纤维网:符合质量标准。

(7)颜料:应采用耐碱、耐光的矿物颜料,符合质量标准且在保质期内。

(8)乳胶、建筑胶等化工材料:符合质量标准且在保质期内。

2. 劳动力组织

主要劳动力为抹灰工,如需配合搭设脚手架,要安排架子工,如需垂直运输设备运送材料,则需要相关工种的作业人员配合。

3. 设备与机具

拌制砂浆:搅拌机。

运送砂浆:小推车(或电动小车)。

套方找规矩:尺子、红外测距仪、阴阳角尺、吊线锤等。

弹线做标记:墨斗、记号笔等。

抹灰:托灰板,各种规格、型号的瓦刀、灰刀等。

四、施工工艺流程与要点

1. 施工工艺流程

(1)内墙抹灰工艺流程:交接检验→基层处理→套方、找规矩→做灰饼→做标筋→做护角→抹底层、中层灰→抹面层灰。

(2)外墙抹灰工艺流程:交接检验→基层处理→找规矩→挂线、做灰饼→做标筋→抹底层、中层灰→弹线、黏结分格条→抹面层灰。

2. 施工要点

(1)基层处理。

基层处理主要包括以下几方面。

① 清理基层表面。抹灰前将基层表面的尘土、污垢、油渍等清除干净,然后洒水湿润。

② 检查基层表面是否平整,对凸出部分应剔除,剔平。对凹陷部分或有蜂窝、麻面、露筋、疏松部分剔除后应用水泥砂浆分层补平压实。当抹灰总厚度大于或等于 35 mm 时应采用加强措施(比如用水泥砂浆打底、细石混凝土找平、铺设钢丝网等)。

③ 对光滑的混凝土基体表面应凿毛刷毛,或刮喷 1:1 水泥细砂浆(内掺建筑胶),进行"毛化"处理。

④ 脚手孔洞、管线沟槽及门窗框缝隙抹灰前应嵌填。脚手孔洞或连接缝隙应用 1:3 水泥砂浆或水泥混合砂浆(加少量麻刀)分层嵌塞密实,并事先将门窗框包好。同时检查门窗框及需要埋设的配电管、接线盒、管道套管等是否安装准确、固定牢固。

⑤ 对不同基层材料相接处(如砖石与木、砖石与混凝土结构相接处)应铺钉金属网并绷紧牢固,金属网与各结构的搭接宽度从相接处起每边不少于 100 mm。

(2)套方、找规矩。

检查房屋四角阴阳角方正,拉房间对角线,对墙面进行平整度和垂直度的检测,依据检查结果确定各面墙的抹灰线,作出灰饼、标筋的厚度标准,确保抹灰后室内阴阳角方正,各墙面抹灰厚度符合要求。

(3)做灰饼、标筋。

灰饼、标筋的具体做法:用与抹灰层相同砂浆设置 50 mm×50 mm 的灰饼或宽约 100 mm 的标筋。控制抹灰层的厚度和墙面的平整度。灰饼应在抹灰前一天完成。

(4)做护角。

较低强度的砂浆(如石灰砂浆)墙面,阳角易破损,抹灰工程施工前,应对室内墙面、柱面和门洞的阳角用 1:2 水泥砂浆做护角,其高度不低于 2 m,每侧宽度不少于 50 mm。

(5)弹线、黏结分格条。

进行室外抹灰时,为了增加墙面的美观性,同时避免罩面砂浆收缩后产生裂缝,一般均由分格条分格。做分格条一般在底层完成后进行,根据水平线弹出横向分格线,借助吊线锤弹出竖向分格线,根据分格线长度将分格条尺寸分好,然后用钢抹子将胶黏剂抹在分格条的背面,水平分格条宜粘在水平线的下口,垂直分格条粘贴在垂线的左侧。随后应用直尺校正,并将分格条两侧用水泥浆抹成八字形斜角,面层抹至与分格条齐平,然后按分格条厚度刮平、搓实。

（6）分层抹灰。

各层抹灰操作要点如下。

① 待标筋砂浆七八成干后可进行底层抹灰,操作上可用托灰板盛砂浆,用力将砂浆从上而下推抹到基面上,用木抹来回抹压,表面要求毛糙。

② 在底层灰七八成干或凝结后,洒水湿润,便可进行中层灰抹灰,可从上而下、从左而右涂抹,去高补低,按标筋用长刮尺刮平,铁抹子抹压平整,在灰浆凝固前应交叉刻痕,以增强与面层的黏结。

③ 中层灰凝固后,洒水湿润,抹面层灰,可从上而下、自左而右涂抹,各分遍之间互相垂直抹压,最后一遍宜垂直抹压,不留抹印。

（7）滴水槽。

外墙窗台、窗楣、雨篷、阳台、压顶和凸出腰线等,顶面应做成流水坡度,底面应做滴水线或滴水槽,滴水槽的深度和宽度均不应小于 10 mm。

任务三　饰面砖镶贴施工

任务目标

了解饰面砖镶贴工程的知识及要求;掌握饰面砖镶贴工程的施工准备、施工工艺及施工要点。

一、知识准备与一般要求

饰面砖镶贴是指将块料面层用胶结材料粘贴在基层上,形成饰面层。饰面砖镶贴具有美观、防水防潮、容易清洁等优点,是常用的饰面方式,用于卫生间、厨房、阳台、公共走廊等位置的墙体饰面。一些低楼层的外墙饰面也常采用饰面砖镶贴。

二、作业条件

（1）技术准备:识读建施图,找出与镶贴施工相关的参数和技术要求,编写施工组织设计、技术交底、安全交底等文件,向作业班组进行书面交底。

（2）必要时,绘制饰面砖排布图。

（3）作业面准备。

① 基层检查验收:主体结构已经进行中间验收并确认合格,有防水要求的部位,防水层已经施工完毕并经过验收合格。饰面的基层（如抹灰层）平整度和垂直度检查合格,门、窗框已经安装完毕并且检验合格。

② 水电管线、卫生洁具、预埋件预留孔洞或安装位置已经确定并准确留置,经检验符合要求。

三、施工准备

1. 材料准备

(1) 饰面砖。饰面砖品种繁多,有不同的分类标准,使用位置不同,对产品参数的要求也就不同。选用的时候,设计单位会给出产品指标,施工前就需要确认饰面砖的品种、规格、尺寸、外观质量、吸水率等产品参数,要检查进场饰面砖的产品质量合格证明和生产厂家近期的产品质量检测报告等质量证明文件,进场的饰面砖上的产品标识与质量证明文件的产品信息是否一致,饰面砖尺寸是否一致,表面是否平整、没有损伤,色差是否在允许范围内等。如果合同或管理有要求,还需要取样送第三方检测机构进行复验。

(2) 找平、防水、黏结材料。可采用不同品种的砂浆,各种瓷砖胶,或者在砂浆中掺加不同品种的聚合物,施工前必须认真查看施工图或相关合同文件,检查材料合格证、复验报告等质量证明文件,核对包装上的标识,确保施工时使用的材料符合要求。

2. 劳动力组织

镶贴工、辅助工。

3. 设备与机具

测量、弹线:墨斗、吊锤、拖线板、钢卷尺、石笔或记号笔。

浸砖:水桶或大盆、装砂浆或瓷砖胶的胶皮桶。

切割饰面砖:小型手持式或台式切割机。

贴砖:灰刀、铺灰器、托木或工具式托撑、橡胶锤、瓷砖找平器、塑料十字架、手套、抹布等。

四、施工工艺流程与要点

1. 施工工艺流程

基层处理找平→基层检查验收→定位弹线→选砖(浸砖)→做标志块→垫托木→贴饰面砖→勾缝→清理及养护。

2. 施工要点

(1) 基层处理找平。

镶贴饰面砖对基层的要求是平整、清洁、粗糙。这样饰面砖才容易粘贴牢固,并且能够保证饰面砖面层的平整度。

如果主体结构是砌体墙柱面,需要先抹灰,饰面砖基层就是抹灰层,抹灰施工时就要保证施工质量,按照饰面砖基层质量要求施工并进行检查验收。

如果主体结构是混凝土墙柱面,混凝土表面质量合格,平整度满足要求,则不需要抹灰,但是混凝土表面比较光滑,为了保证粘贴牢固,如果残留有脱模剂,需要清洗干净,光滑的基层表面要凿毛或喷涂界面剂,保证基层清洁、粗糙。

(2) 基层检查验收。

基层施工班组与饰面施工班组,进行中间交接检验验收,验收合格后各个工种、各个班组之间办理作业面交接手续,结构层验收合格后施工基层,基层验收合格后施工饰面层,保证前一个工序的施工质量合格再施工下一个工序。

（3）定位弹线。

在饰面砖施工前，首先要现场测量墙面的实际尺寸，按墙面实际尺寸以及饰面砖尺寸和砖缝间隙尺寸排砖，绘制墙面饰面砖排布图，根据墙面饰面砖排布图，在基层上用墨斗弹出饰面砖的水平控制线、垂直控制线和饰面砖分格线，定好饰面砖粘贴位置。

排砖时要符合装饰图或效果图要求，如果是简单的横平竖直贴砖，尽量保证水平和竖直方向整砖粘贴，如果墙面尺寸不能被饰面砖尺寸整除，一般水平和竖直方向只能有一行或一列非整砖，非整砖要排在不显眼的位置，或者采用非整砖尺寸的波打线来调整，保证美观。

水平控制线要弹出最上皮砖的上口线和最下皮砖的下口线，上口要注意与顶棚的衔接，下口要注意与踢脚线的衔接。

竖向控制线一般从墙面阳角处开始。

（4）选砖（浸砖）。

目前市场上的饰面砖品种繁多，原材料和生产工艺各有不同，即使是同一批次的产品，颜色、平整度和尺寸也有误差。饰面砖的颜色、尺寸、表面平整度、吸水率等指标都会影响建筑装饰装修施工效果，为了保证粘贴的质量，在粘贴前要进行饰面砖的分选。要挑选平整方正、不缺棱掉角、不开裂、不脱釉、无凹凸、无扭曲、颜色均匀、大小一致的饰面砖和阴阳角装饰条等各种配件。

饰面砖是用砂浆、瓷砖胶等胶结材料贴在墙面上的，如果饰面砖吸收胶结材料水分的速度太快，会影响到粘贴的牢固度，因此要根据饰面砖吸水率的大小来确定是否需要浸砖。现场的判断方法是把饰面砖浸在水中，如果冒出很多气泡，就说明砖的吸水率较大，需要浸砖，如果一点气泡都没有，就不需要浸砖。

需要浸砖的饰面砖，要提前浸泡两个小时以上，充分浸泡后，取出阴干，方可用于粘贴。

（5）做标志块。

为了控制整面墙饰面砖的垂直度和平整度，在大面积粘贴施工前要先做标志块，作为粘贴厚度的依据。

标志块间的间距一般是 1.5～2 m，标志块之间横向拉水平线，竖向吊垂直线，控制整个粘贴面层的垂直度和平整度。

如果一个房间几面墙都镶贴饰面砖，为了保证阴阳角方正，几个面要同时挂直靠平。

（6）垫托木（或托撑）。

以所弹下口控制线为依据，设置支撑面砖的木托板。垫托木的目的是防止面砖因自重向下滑移，木托板表面应加工平整。也有采用各种形式的工具式托撑的。

（7）镶贴饰面砖。

① 每面墙的贴砖顺序：竖直方向，自下而上；水平方向，从阳角开始，把非整砖留在阴角。

应先贴大面，后贴阴阳角、凹槽等难度较大、耗工较多的部位。

② 墙面凸出物周围的饰面砖应整砖套割吻合，边缘应整齐。墙裙、贴脸凸出墙面的厚度应一致。

③ 镶贴饰面砖工艺一般要求用瓷砖胶或聚合物砂浆贴瓷砖,这种工艺是采用瓷砖胶或聚合物砂浆上墙,用齿板拉毛,饰面砖背面薄涂瓷砖胶或聚合物砂浆。饰面砖上墙后用橡皮锤轻轻敲平,保证粘贴牢固。

④ 铺贴完整行的面砖后,再用长靠尺横向校正一次。对高于标志块的应轻轻敲击,使其平整;低于标志块(即亏灰)的,应取下面砖,重新抹满刀灰铺贴,不得在砖口处塞灰,否则会产生空鼓。然后依次按以上方法往上铺贴。

⑤ 为保证饰面砖间的缝隙宽度,应采取施工措施,如用小钉、木片(棍)、塑料十字架等。

(8) 勾缝。

饰面砖的缝隙,应使用专用嵌缝材料(填缝剂或美缝剂等)或水泥浆(常用白色)擦嵌密实。

(9) 清理及养护。

贴砖和勾缝时,操作要细致精心,尽量避免胶结、填缝材料污染饰面砖,如果有污染,要及时用抹布将砖面擦净,一旦胶结、填缝材料干结在饰面砖上,就很难清理,即使过后采用酸洗等措施清理干净,局部瓷砖面的颜色和光泽度可能会受到影响,影响观感质量。

(10) 贴砖、勾缝施工完成后,如砖面污染严重,可用稀盐酸清洗后用清水冲洗干净。

任务四　饰面板干挂施工

任务目标

了解饰面板干挂施工的知识及要求;掌握饰面板干挂的施工准备、施工工艺及施工要点。

一、知识准备与一般要求

墙面饰面板干挂是在基层上预埋或后植入锚固件,安装固定龙骨,然后将饰面板用膨胀螺栓固定在龙骨上,最后用柔性材料嵌填板缝,形成墙柱饰面层的施工方法。这种施工方法适用于尺寸或自重较大的板块面层,常用于建筑物外立面、门厅、大堂、独立柱、门洞等墙面。

长期使用中,由于不均匀沉降或材料热胀冷缩等原因,建筑物墙面可能会开裂,此时粘贴的墙面饰面层会随之开裂,甚至脱落,返工修补比较烦琐,而饰面板干挂安装可以有效地避免这些问题,即使局部饰面板变形开裂,也容易更换修补。因此,很多公共建筑的墙柱饰面普遍采用饰面板干挂安装。

随着建筑材料技术的发展,饰面板材的研发不断突破,出现很多美观、轻质、高强、防水、防污、环保、便于施工的新型饰面板材,新材料、新工艺层出不穷。在掌握施工工艺时既要掌握一般规律,也要掌握具体工程具体材料的个性化要求,按照质量标准精心细致施工。

二、作业条件

1. 技术准备

(1) 识读饰面板工程的施工图、设计说明等设计文件。

(2) 编制专项施工方案与施工交底文件。

(3) 对现场作业人员进行施工交底。

2. 作业面准备

修整清理基层,验收合格。

三、施工准备

1. 材料准备

(1) 饰面板。饰面板品种很多,从材质分,有石板、陶瓷板、木板、金属板、塑料板等,外墙一般会用石板、陶瓷板、金属板,考虑到使用环境要求,除了产品的颜色、大小、平整度、抗拉抗折等性能指标,外墙饰面板对材料的吸水率、抗冻性有要求,内墙饰面板要重点检查花岗岩板的放射性、人造木板的甲醛释放量等,防止对人们的健康产生危害。装饰装修要美观,但人们的健康安全更重要。因此要严把进场材料关,检查材料合格证、检验报告、复验报告等产品质量证明文件,还要现场核对材料上的标识是否一致,保证施工的饰面板质量合格。

(2) 龙骨、膨胀螺栓、固定用的胶黏剂等。饰面板干挂安装完成后,龙骨、螺栓及固定用的胶黏剂隐藏在面板后面,一般看不到,但是饰面板要挂稳挂牢不脱落,这些材料同样起到关键作用,也要认真检查,确保合格。

(3) 嵌缝材料。嵌缝质量会影响装饰的美观,还会影响到耐久性,同样要做好材料进场验收。

2. 劳动力组织

抹灰工、镶贴工及辅助工人。

3. 设备与机具

扫把、钢丝刷、电钻、锤子、钳子、扳手、螺丝刀、胶枪、灰刀、墨斗、托线板、钢卷尺、吊线锤、2米靠尺、塞尺、阴阳角尺、水平尺、石笔或记号笔等。

四、施工工艺流程与要点

1. 施工工艺流程

基层处理验收→定位放线→安装饰面板→嵌填板缝→清理。

2. 施工要点

(1) 基层处理验收。

① 修整基层以达到安装龙骨、膨胀螺栓等固定件的要求。

② 设计有抹灰层的,按设计要求进行墙面抹灰。

③ 有防水要求的墙面,按设计要求做好防水层。

④ 有些工程在墙柱结构上直接安装饰面板,有些工程在结构先抹灰、防水,然后安装饰面板。饰面板安装施工的基层可能是结构层也可能是抹灰层。基层施工和饰面板安装施工的工种、班组不同,如果是二次装修另外招标的,施工单位也不同。因此,在基层完工后、饰面板安装施工前一定要对基层的施工质量是否满足安装施工要求进行检查验收,完成作业面交接验收手续。

(2)定位弹线。

先找垂直,再分水平,架设测量仪器,对要安装饰面板的墙面从上至下找垂直,根据饰面板尺寸+板缝的尺寸在墙上标注分格线。

先弹出墙面上下控制线,下口控制线是踢脚线,如果没有踢脚线,则是地面装饰面层标高线,上口控制线是天面饰面层标高线。水平分格线从下向上分格,竖直分格线从显眼的阳角处向隐蔽的阴角处分格。

(3)安装饰面板。

在基层上安装不锈钢锚固件,固定龙骨,用托线板和吊线锤检查垂直,拉水平线检查水平,以保证垂直度和平整度。现在工具越来越先进,用红外投线仪同样可以起到拉水平线或吊垂直线的控制作用。

石材饰面板安装前一般要涂背胶、打孔槽,有的施工单位自行加工,有的施工单位委托饰面板供货单位加工,总之,在安装前要检查确认是否按要求涂背胶,检查孔位、孔深是否满足安装要求。

饰面板安装自下而上进行,应根据固定在墙面上的不锈钢锚固件或龙骨位置进行安装,一般是从中间或墙面阳角开始就位安装,安装要求四角平整,纵横对缝。

石材饰面板安装具体操作是:将板材上打好的孔槽和锚固件的固定销对位安装好,利用锚固件的长方形螺栓孔微调石板位置,用方尺找阴阳角方正,用水平尺和拉通线找石板上口平直,吊线锤找垂直,检查安装质量,符合设计及规范要求后进行固定。用膨胀螺栓等锚固件将石板固定牢固,用结构嵌固胶将锚固件填堵固定。

金属饰面板具有轻质、美观、易于清洁等显著优点,得到广泛应用,金属饰面板的固定方式为锚固法,即用螺栓、铆钉等锚固件将饰面板固定在龙骨上,施工工艺和石板木板差别不大。

金属饰面板的固定方式还有卡固法,这种固定方法便捷快速,龙骨和饰面板是配套的,一般龙骨上有卡槽,饰面板边缘有卡口,只要位置尺寸正确,就可以固定好。但是金属饰面板比较薄,如果扣上后又要拆开调整,面板容易变形报废,所以在卡扣前要确认水电设备等隐蔽在饰面板下的安装工程已经验收合格,扣板时注意对位,避免返工。

(4)嵌填板缝。

采用密封硅胶嵌缝。待石板挂贴完毕,进行表面清洁和清除缝隙中的灰尘,先用直径8～10 mm的泡沫塑料条填板缝内侧做衬底(控制接缝的密封深度和加强密封胶的黏结力),留5～6 mm深缝,在缝两侧的石板上,靠缝粘贴10～15 mm宽塑料胶带(或分色纸),以防打胶嵌缝时污染板面,然后用打胶枪填满封胶,若密封胶污染板面,必须立即擦净。

(5)清理。

最后揭掉胶带,清洁饰面板表面。石材板面一般需打蜡抛光,其他材质的饰面板按相关产品的质量要求进行表面清理。

任务五　涂饰工程施工

了解涂饰施工的知识及要求;掌握涂饰工程的施工准备、施工工艺及施工要点。

一、知识准备与一般要求

1. 基本知识

涂饰工程是把涂料施工在物体表面,涂料干结形成保护涂膜,从而阻止或延迟物体因长期暴露于空气中,受到水分、空气、微生物等的侵蚀,造成的金属生锈、木材腐朽、水泥风化等破坏现象。涂膜有各种各样的色彩和花纹,具有很好的装饰作用。涂料还具有施工方便、成本低廉等优点。除了传统的门窗油漆、内墙涂料,近二三十年来,建筑外立面也广泛采用外墙涂料。

涂料施工方便,但是如果施工过程控制不好,也会有透底、颜色不匀、涂膜剥落等问题,虽然涂膜层比较薄,即使剥落,坠落伤人的可能性也不大,但是非常影响建筑物美观,而且也起不到对物体的保护作用。涂饰工程返工返修的施工难度不大,但是比较烦琐。因此,要规范施工,保证质量。

近年来材料技术不断创新,各种新型涂料不断涌现,这些新型涂料弥补了传统涂料污染大、易老化、易开裂等缺陷,突出涂料便于施工、易于翻新、装饰性强的种种优点,在各种建筑物的内外饰面得到广泛应用,因此在涂饰工程施工中,施工技术也要跟着新材料不断革新。

2. 涂料的组成

涂料主要由胶黏剂、颜料、溶剂和辅助材料等组成。

3. 涂料的种类

涂料品种繁多,根据划分的依据不同,有以下几种分类方式。

① 按装饰部位不同可分为内墙涂料、外墙涂料、地面涂料等。

② 按成膜物质不同可分为油性涂料(油漆)、有机高分子涂料、无机高分子涂料、有机-无机复合型涂料。

③ 按涂料分散介质不同可分为溶剂型涂料、水性涂料。其中水性涂料包括乳液型涂料(乳胶漆)、无机涂料、水溶性涂料等。

4. 对基层的要求

(1) 混凝土和抹灰表面。

① 要求坚实,无疏松、脱层、起砂、粉化等现象,否则应铲除。

② 表面要求平整,无孔洞、裂缝,否则须用同种涂料配制的腻子批嵌。

③ 表面干净,无油污、灰尘、泥土等。

④ 对于施涂溶剂型涂料的基层,含水率应控制在 8% 以内。

⑤ 对于施涂乳液型涂料的基层,含水率应控制在 10% 以内。

(2)木材表面。

① 将表面上的灰尘、污垢清除。

② 把表面的缝隙、毛刺等用腻子填补,用砂纸磨光滑。

③ 含水率应控制在 12% 以内。

(3)金属表面。

将灰尘、油渍、锈斑、焊渣、毛刺等清除干净。

5.涂饰施工方法

施工主要操作方法有刷涂、滚涂、喷涂、刮涂、弹涂、抹涂等。

(1)刷涂:人工用刷子蘸上涂料直接涂刷。这种方法多用于刷油漆,要求不流、不挂、不皱、不漏、不露刷痕。

(2)滚涂:人工利用涂料辊子蘸上少量涂料,在基层表面上下垂直来回滚动施涂。

(3)喷涂:利用压缩空气将涂料制成雾状(或粒状)喷出,涂于被涂饰面的机械施工方法。

(4)刮涂:人工利用刮板,将涂料厚浆均匀地批刮在涂面上,形成厚度为 1~2 mm 的厚涂层。这种方法多用于地面涂料施工。

(5)弹涂:先在基层刷涂 1~2 道底涂层,待其干燥后,通过弹涂器将色浆均匀地溅在墙面上(自下而上,自左至右),形成 1~3 mm 圆状色点的机械施工方法。选用压花型弹涂时,应适时将彩点压平。

(6)抹涂:先在基层刷涂或滚涂 1~2 道底涂料,待其干燥后,使用批灰刀、铁抹子、刮板等不锈钢抹灰工具将饰面涂料抹到底层涂料上。

6.施工质量要求

(1)所用的材料品种、型号和性能应符合设计要求。

(2)颜色、图案应符合设计要求。

(3)在基层上涂饰应均匀、黏结牢固,不得漏涂、透底、起皮、反锈、反碱。

(4)涂料与其他装修材料和设备衔接处应吻合,界面应清晰。

7.涂饰施工的安全要求

涂料的溶剂、胶黏剂等材料大多有挥发性,因此在施工过程中必须要保证通风、防火、防中毒。挥发性材料容易导致过敏,因此,施工中作业人员必须要做好安全防护。

二、作业条件

(1)识读饰面板工程的施工图、设计说明等设计文件。

(2)对现场技术人员和作业班组进行技术交底。

(3)基层处理。

基层处理的质量优劣直接关系到涂饰工程的最终质量,对基层进行处理的做法一般包括清理、涂刷抗碱封闭底漆或界面剂、用腻子找平等。

(4)必要时做样板,检验施工参数,便于对照检查。

三、施工准备

1. 材料准备

（1）涂料品种繁多，性能指标各异，施工参数也不同，因此施工前一定要查阅设计文件，确认涂料的品种、颜色、施工参数等。

（2）检查材料质量证明文件。现场查验材料包装上的标识与材料质量证明文件上的产品信息是否一致，按照合同要求确认是否需要见证取样送检，确保涂料的品种、型号和性能符合设计要求及国家现行标准的有关规定。

2. 劳动力组织

油漆工及辅助工人。

3. 设备与机具

设备与机具包括打磨基层的打磨机，快速烘干基层的红外灯或取暖器，人工涂饰施工常用的刷子、辊子、批灰刀等工器具。现在随着小型施工器械的普及化，多数作业人员会选择使用喷漆枪、喷涂器或弹涂器施工。

四、施工工艺流程与要点

1. 施工工艺流程

基层检验与处理→成品保护→涂饰施工→清理。

2. 施工要点

（1）基层检验与处理。

基层施工班组与涂料施工班组对基层质量进行交接检验，确认基层施工质量是否合格，是否满足涂料施工要求。

（2）成品保护。

涂饰施工时，为防止涂料沾污交接处的面层，一般在涂饰施工的边界处粘贴保护胶条，待涂饰施工完成后再撕掉。

（3）涂饰施工。

按照设计要求，选定涂饰施工方式，施工过程中注意按照样板或事先确定的施工参数进行涂饰施工，保证涂料颜色均匀不透底、不流坠。

任务六　楼地面基层施工

任务目标

了解楼地面基层的知识及要求；掌握楼地面基层的施工准备、施工工艺及施工要点。

一、知识准备与一般要求

1. 楼地面的组成及分类

(1)楼地面是房屋建筑底层地面与楼层地面的总称,由面层加基层构成。使用者直接接触的是地面面层,包括水泥砂浆整体地面、瓷砖地面、木地板等,基层指的是面层下的构造层,包括填充层、隔离层、绝热层、找平层、垫层和基土等。

(2)楼地面分类。

① 楼地面按面层材料分为水泥混凝土地面、水泥砂浆地面、水磨石地面、自流平地面、陶瓷锦砖地面、大理石地面、花岗岩地面、木地板地面和竹地面等。

② 楼地面按面层结构分为整体面层、板块面层和木、竹面层。

2. 基层的一般规定

(1)基层铺设的材料质量、密实度和强度等级(或配合比)等应符合设计要求和相关规范的规定。

(2)基层铺设前,其下一层的表面应干净,无积水。

(3)垫层分段施工时,接槎处应做成阶梯形,每层接槎处的水平距离应错开 0.5～1.0 m。接槎处不应设在地面荷载较大的部位。

(4)当垫层、找平层、填充层内埋设暗管时,管道应按设计要求予以稳固。

(5)对有防静电要求的整体地面的基层,应清除残留物,将露出基层的金属物涂绝缘漆两遍晾干。

(6)基层的标高、坡度、厚度等应符合设计要求。基土应均匀密实,压实系数应符合设计要求,设计无要求时,压实系数不应小于0.9。

二、作业条件

地面基层是结构层和面层间必须的构造层,按照使用功能,不同建筑物地面基层可能包含多个层次,每个层次完工后,都被下一层覆盖隐蔽,因此每个层次施工完成后,必须隐检合格,才能进行下一层次的施工。

三、施工准备

1. 进场准备

(1)查阅施工图,采用专用图集的工程,查阅专用图集,确认基层做法。

(2)根据施工方案,对施工作业人员做施工交底。

(3)现场检查进场材料质量是否合格。

① 散粒类材料应对粒径大小、杂质含量进行复验。

② 水泥类材料应对材料强度、安定性等进行复验。

③ 隔离层材料应对其厚度和外观质量进行检查,应对材料的防水、防油渗性能进行复验。

④ 绝热层材料进入施工现场时,应对材料的传热系数、表观密度、抗压强度或压缩强度、阻燃性能进行复验。

2．劳动力组织

抹灰工及辅助工人。

3．设备与机具

测量定位：水准仪或全站仪、墨斗、钢卷尺、水平尺、记号笔或石笔等。

运送材料：小推车、灰桶、胶皮桶等。

搅拌材料：砂浆搅拌机、筛网等。

摊铺：铁锨、耙子、推杆、抹子等。

清理：水管、扫把、抹布等。

四、施工工艺流程与要点

1．施工工艺流程

工序交接检查→弹线、定位→设置厚度基准→预埋管线固定→摊铺→养护。

2．施工要点

（1）工序交接检查。

基层施工在楼地面结构层完工后进行，基层如果有多个层次，施工完上一层，才能做下一层，每个工序的施工质量都会影响下一个工序的施工质量，从而影响整个基层甚至面层的质量。因此，在施工之前，必须对前一个工序的施工质量进行检查，做好检查记录，如果有质量问题，必须整改合格后才能进行下一个工序的施工。

① 建筑底层地面的结构层，如果是夯实的回填土，要重点检查回填土压实度，如果是混凝土垫层，要重点检查混凝土强度。

② 建筑楼面的结构层，一般是钢筋混凝土楼板，主体结构验收合格后才施工地面，施工前要再次复查其标高和表面平整度。

③ 上个工序如果是摊铺松散材料，如碎石土、陶粒、膨胀蛭石等，要适当浇水并用平板振动器振实，保证含水率和摊铺厚度等符合要求。

（2）弹线、定位。

① 标高控制：抄平弹线，统一标高。用水准仪或全站仪检测各个房间的结构层标高，并将离地面一定高度的水平标高线弹在各房间四壁上，最为常见的是离设计地面标高500 mm，称"50线"。现在也有很多项目在各房间四壁上弹"1米线"，即离设计地面标高1 m。

② 平面位置控制：房间面积不大时，同一个房间的一个地面层，可以一次施工完成的，不需要考虑如何划分；但如果是地下室、体育馆、车站等大面积的空间，一个地面层需要分期分批才能施工完成的，一般需要分格分仓进行施工，要在地坪上弹出纵横分格线，分格线间距不大于 6 m。

（3）设置各个层次的厚度基准。

用钢卷尺从"50线"或"1米线"向下量，在房间四壁上弹出各个层次的标高线。如果是大面积空间，除了在房间四壁弹线，还需要在房间中间弹出纵横分格线，在分格线交叉点设置标高控制点。可以做灰饼，也可以设一些可拆卸的金属或塑料材质的标高块等。然后在标高控制点间拉水平线控制每层施工的厚度。

（4）预埋管线固定。

下沉式卫生间的凹槽内有水平管道、竖向穿过楼板的管道,其他房间在进行装修时如果有开关插座移位,也可能在找平层或垫层内埋设电气管线。在施工前,要固定好预埋管线,防止移位。

（5）摊铺。

① 为了防止空鼓开裂,基层与结构层之间、基层各个层次之间,一般需要涂刷界面处理剂,保证黏结牢固。

② 控制摊铺厚度,按照四壁弹出的基层各层次的标高线控制材料摊铺厚度;确保每个层次的厚度符合设计要求,如果有排水坡度要求,弹线或做标高基准时,要保证排水坡度符合设计要求。

③ 大面积地面分格分仓摊铺。地下车库等大面积地面,为了防止水泥基找平找坡层收缩开裂,一般应设置分格缝,分格缝间距不大于 6 m,分格缝宽度一般为 20 mm,缝内按设计要求进行嵌填。

④ 振捣密实,用平板振动器振动密实。

⑤ 设置有隔离层的,为了保证隔离层不渗漏,穿楼板的管道的根部一定要做好节点附加增强处理,隔离墙在四周墙体上要做好翻边、泛水并固定牢固,泛水高度和翻边固定方式符合设计要求。

（6）养护。

施工完成后,按照材料不同采取覆盖、浇水等方式养护,养护时间符合规范要求。

任务七　地面板块面层施工

任务目标

　　了解地面板块面层的知识及要求;掌握地面板块面层的施工准备、施工工艺及施工要点。

一、知识准备与一般要求

1. 基本知识

日常生活中,在住宅楼、办公楼、商场、车站、学校等各种各样的建筑物中,地面铺设板块面层是一种常见的装饰装修做法。板块面层材料种类很多,包括砖面层、大理石和花岗石面层、预制板块面层、料石面层、塑料板面层、活动地板面层、金属板面层、地毯面层、地面辐射供暖的板块面层等。其中最常见的就是砖面层、大理石和花岗岩面层。

陶瓷地砖具有耐磨、耐用、易清洗、不渗水、耐酸碱、强度高、装饰效果丰富等优点。产品有高中低档,价位从几十元到几百元不等,根据工程要求及预计投入的费用,业主的选择范围很大,是近年来使用最广泛的一种面层做法。大理石板纹路漂亮,可以拼出非常美的图案,花岗石板虽然美观度不如大理石,但其耐磨、耐侵蚀性好,也是经常用的地面板块面层。

2. 铺设板块面层的基本要求

（1）铺设板块面层时，其水泥类基层的抗压强度不得小于 1.2 MPa。

（2）板块的铺砌方向、花纹图案等应符合装饰设计要求，要先进行预排，避免出现板块小于 1/4 砖长的边角料，影响观感效果。可以设置波打线，保证装饰效果。

（3）铺设面层的结合层和填缝材料采用水泥砂浆时，在面层铺设后，表面应覆盖、湿润，养护时间不应少于 7 d。当水泥砂浆结合层的抗压强度达到设计要求后，方可正常使用。

（4）大面积板块面层的伸缩缝及分格缝应符合设计要求。

（5）板块类踢脚线施工时，墙面不得采用混合砂浆打底。

二、作业条件

（1）识读饰面板工程的施工图、设计说明等设计文件。

（2）对现场技术人员和作业班组进行技术交底。

（3）基层已经验收合格。

三、施工准备

1. 技术准备

查阅施工图纸，尤其要细致看清从基层到面砖的层次做法、找平层界面剂等的厚度和材料，看清面砖颜色图案等，做好施工交底。

2. 材料准备

检查材料质量证明文件，核对进场产品包装上的标识，砖和石材一般都会有样板，与样板对照是否一致。

3. 作业面准备

基层清理，复核现场实际尺寸，弹线。

4. 工器具准备

铲灰刀、扫把、吸尘器、喷壶、橡胶锤、灰刀或锯齿板。

四、施工工艺流程与要点

1. 施工工艺流程

（1）陶瓷地砖施工工艺流程：清整基层→弹线、定位→铺设结合层找平层、刷界面剂→铺贴地砖→勾缝、擦缝→清洁、养护→贴踢脚线。

（2）大理石板、花岗石板施工工艺流程：清理基层→弹线、定位→试拼、预排编号→板材浸水背涂→铺设结合层找平层、刷界面剂→铺板材→勾缝、擦缝→清洁、养护→贴踢脚线。

二者的施工工艺流程基本相同，只是大理石、花岗石板多了两个工序，因为大理石花岗石是天然石材，纹理是天然形成的，因此涉及楼面整体图案时，要求试拼、预排编号。

另外为防止石材面层出现返碱泛白，天然石材应进行防碱背涂处理。

2. 施工要点

（1）基层处理。

楼地面如果有起砂、空鼓、裂缝等，要剔凿修补，基层应清扫干净、洒水湿润。厨卫地面防水验收，预埋管线固定。

（2）弹线、定位。

在墙面上弹好控制标高的"50线"或"1米线"，控制地面水平。

在各房间中心弹出"十"字线及拼花分格线。

陶瓷地砖铺贴一般有对角定位（砖缝与墙角成 45°）和直角定位（砖缝与墙面平行）。若房间内外铺贴不同地砖，其交接处应在门扇下中间位置；或者在门套位置铺分隔板块。

（3）铺结合层找平层、刷界面剂。

按要求的层次及其厚度，铺结合层找平层、涂刷界面处理剂。

（4）铺贴地砖。

铺贴前，根据材质决定是否要浸水，若要浸水，应浸泡不少于 2 h 后取出晾干至表面无明显水待用。

按照控制线，先铺贴左右靠边基准行的地砖，然后从基准行，由内向外挂线逐行铺贴。对尺寸较小的砖，可用约 3 mm 厚的水泥浆满涂地砖背面，对准挂线及缝隙，将地砖铺贴上，用木锤或橡胶锤适度用力敲击至平整，并且一边铺贴一边用水平尺检查校正。对尺寸较大的砖，一般是在地面坐好砂浆或瓷砖胶，用齿板刮出均匀的纹路，然后铺放地面砖，用木锤或橡胶锤敲平整，并随铺随检查平整度和排水坡度是否正确。

（5）勾缝、擦缝。

地砖铺贴 24 h 后进行勾缝和擦缝工作，并应采用同品种、同强度等级、同颜色的水泥或用专门的嵌缝材料。要求缝内砂浆密实、平整、光滑，随勾随将剩余的水泥砂浆清走、擦净，用干水泥撒到缝上，将缝隙擦满。近年来，随着人们生活水平的提高，对板缝处理越来越精细，房间用途不同，嵌缝材料性能略有区别，卫生间用的嵌缝材料要防水防霉；客厅用的嵌缝材料更重视美观，很多专用美缝剂既美观又防水，但施工需要专用的美缝工具。最近市面上还出现了美缝贴条，施工更简便。

（6）清理、养护。

施工时要随铺随清理，防止砂浆瓷砖胶等材料污染板块面层，24 h 后应进行洒水养护，时间不应少于 7 d。大理石板和花岗石板还要上蜡磨亮；板块铺贴完工，待结合层砂浆强度达到 60%～70%即可打蜡抛光，3 d 内禁止上人走动。

（7）贴踢脚线。

踢脚线是楼地面与墙面相交处的构造处理，高度一般为 100～150 mm，踢脚线的作用是遮盖楼地面与墙面的接缝，保护墙面根部及避免清洗楼地面时被沾污。踢脚线一般在地面铺贴完工后施工。

① 将基层浇水湿润，根据 50 标高控制线，测出踢脚线上口水平线，弹在墙上，再用吊锤吊线，确定出踢脚线的出墙厚度。拉踢脚线上口水平线，在墙的两端各安装一块踢脚线，要求高度和出墙厚度一致，然后用 1:2 水泥砂浆逐块依次镶贴，随时检查踢脚线的水平度和垂直度。

② 镶贴前先将石板刷水湿润,阳角接口板按设计要求处理成 45°,阴角应使大面踢脚线压小面踢脚线。

③ 在墙面抹灰时,可空出一定高度不抹,一般以楼地面层向上量 150 mm 为宜,以便控制踢脚的出墙厚度。

④ 用与踢脚线同颜色的稀水泥擦缝,踢脚线的面层打蜡可同地面一起进行。

任务八 地面自流平面层施工

任务目标

了解地面自流平面层的知识及要求;掌握地面自流平面层的施工准备、施工工艺及施工要点。

一、知识准备与一般要求

日常生活中,地下车库、工业车间、医院、运动场、车站等建筑物的地面,装饰装修常常采用整体面层,整体面层种类繁多,包括水泥混凝土(含细石混凝土)面层、水泥砂浆面层、水磨石面层、硬化耐磨面层、防油渗面层、不发火(防爆)面层、自流平面层、涂料面层、塑胶面层、地面辐射供暖的整体面层等。近年来,自流平面层由于其独特的优点,受到很多业主的青睐。

水泥混凝土面层、水泥砂浆面层,材料简单易得,工艺成熟,但用于大面积的地面时,表面平整度比较难控制,常有局部不平而造成积水等通病,影响使用功能。自流平面层也是水泥类的材料,在水泥类材料里加入外加剂或掺合料,增加材料流动性,能在地面上迅速展开,从而获得高平整度的地坪,材料硬化速度快,24 小时就可以在地面行走,或是施工后续工程(如铺木地板等),施工快捷、简便。

除了新建工程的地面,自流平面层还可以用于对旧房的地面翻新整平。我国自改革开放以来,建设了大量的工业与民用建筑,很多建筑经过多年使用,地面已经凹凸不平,但是建筑主体结构还很牢固安全,不需要拆除,对这些建筑,人们通常会重新装修,改善建筑物的使用环境,对这样的旧房翻新工程,自流平面层是一种性价比很高的地面整体面层工艺。

二、作业条件

(1) 识读地面自流平面层的施工图、设计说明等设计文件。
(2) 编制施工技术交底文件,对现场技术人员和作业班组进行技术交底。
(3) 基层已经验收合格。

三、施工准备

1. 技术准备

查阅设计文件,必要时在施工现场做样板,掌握施工参数,对操作人员进行技术交底。

2. 材料准备

自流平面层常用材料有自流平水泥、自流平砂浆、水泥基自流平砂浆和环氧树脂自流平砂浆等。颜色有水泥原色灰色、蓝色、绿色、红色或其他颜色等;要按照设计文件的参数、颜色选用,检查产品合格证、检验报告等质量证明文件,现场核对产品包装的标识与质量证明文件上的信息是否一致,材料应该是自由粉状,不应有结块等现象。

3. 作业面准备

基层处理,清扫干净。

4. 工器具准备

整修基层用的打磨机、小铲刀、扫把、吸尘器等;搅拌砂浆用的搅拌器,储存砂浆的砂浆桶等;赶平砂浆的工具式推杆、滚筒等;其他还有施工人员的专用鞋、抹布等。

四、施工流程

基层处理→界面处理→现场调制自流平水泥→浇筑与整平→养护。

五、施工要点

1. 基层处理

(1)检查地面平整度,明显凹凸不平的,要打磨平整;检查地面硬度,施工前的基层混凝土强度等级须不低于 C20;地面应无裂缝和孔洞,裂缝和孔洞应填补。

(2)清除地面各种污物,如油漆、油污及涂料等,然后将基面上的零散杂物清除干净,彻底吸净灰尘,必须保持表面坚硬,平整洁净。

2. 界面处理

为了让自流平面层和地面能够衔接更紧密,在基层处理后,在基层上涂刷两道界面剂。

3. 现场调制自流平水泥或砂浆

施工时仅需加水,将水泥倒入桶中,按产品说明的水灰比,量取适量的清水加入,用搅拌机或手持式搅拌器搅拌,搅拌至均匀无团块的浆状,既要确保流动性,但也不可以太稀,否则干燥后强度不够,容易起灰。

搅拌时可能会有气泡产生,为避免气泡对施工质量的不利影响,一般要静置几分钟后,再二次搅拌 1～2 分钟。

4. 浇筑与整平

(1)在界面剂干燥之后,就可以将搅拌好的自流平水泥倒在地上,倒到地面上之后,水泥可以顺着地面流淌,但是不能完全流平,需要施工人员用工具推杆推送,让材料均匀地铺开,用齿口刮板将砂浆面层刮平,以消除倾倒衔接处的不平,并保持所需的厚度。

(2)水泥不是纯液体,面层不可能绝对水平,推赶过程中会有一点的凹凸,这时就需靠滚筒将水泥压匀。如果缺少这一步,很容易导致地面出现局部不平。搅拌时产生的气泡,容易导致面层凹坑或后期面层小块翘起,用放气滚筒轻轻滚动以消除搅拌时产生的气泡。

（3）施工中，作业人员难免要踩到面层上，为保证不留下鞋印，施工人员要穿特殊的鞋子进行施工，这种鞋子鞋底下面布满钉子，减少在水泥面上留上印记，但不影响站稳。施工人员应穿好钉鞋进入施工地面。

（4）拌和好的材料应在规定的时间内用完。

5. 养护

自流平面层一般情况下是不需要养护的，如果在冬季施工，要在基层自流平面层表面洒水或覆盖塑料薄膜养护1～3天。地下车库等重度交通地面养护3天后方可通行。

任务九　实铺式木地板施工

任务目标

了解实铺式木地板的知识及要求；掌握实铺式木地板的施工准备、施工工艺及施工要点。

一、知识准备与一般要求

木地板天然、美观、舒适，防滑性能好，施工简便，施工速度快，适用于家庭卧室、宾馆房间、健身房、舞蹈室、会议室、读书室等房间或场所。

木地板面层材料有很多种，包括实木地板面层、实木集成地板面层、实木复合地板面层、浸渍纸层压木质地板面层、软木类地板面层等。木地板施工工艺有架空式和实铺式两种，材料各有优缺点，适用于不同的施工工艺。

浸渍纸层压木质地板（即强化木地板）和实木复合地板，多采用实铺式的施工方法。在地面上铺设地垫，然后在地垫上将带有锁扣、卡槽的木地板面层拼接成一体，铺设简单、工期短、易于维修保养。

当前木地板加工工艺发展很快，板材表面耐磨、防水处理，榫槽精确加工等技术不断升级，木地板产品越来越多样化。既有高端原木板材，也有中低端的各种人造板材，对板材环保指标要求也越来越高。木地板产品标准化、工艺标准化、施工速度快、易装易拆的优势突出，使用前景更加广阔。

二、作业条件

（1）识读木地板的施工图、设计说明等设计文件。

（2）编制施工技术交底文件，对现场技术人员和作业班组进行技术交底。

（3）基层已经验收合格。

三、施工准备

1. 技术准备

（1）查阅设计文件、合同文件，确认木地板面层材料和施工工艺。

（2）如业主有要求，在大面积施工前，铺设样板间，收集施工参数。

（3）绘制地板面层排布图，列出材料计划表。

（4）对作业人员进行技术交底。

2. 材料准备

（1）地板面层材料。地板面层品种品牌众多，颜色花纹各异，材料进场后，要和业主、监理等一起进行进场检查，认真核对产品合格证、产品包装上的产品信息，比对样板，确保无误后，清点进场数量，做好进场检查记录。

（2）地垫材料。地垫能改善地板的稳定性、弹性，有吸声效果，各品牌木地板一般都会配套地垫材料，多采用聚乙烯泡沫塑料薄膜（或木地板专用防潮膜），薄膜上印有品牌标识，进场检查主要看包装是否完好，有无脏污破损。

（3）踢脚线、收口条、分隔压条、木地板用环保胶等。

3. 工作面准备

铺设木地板面层前，天面、墙面、地面基层应施工完，满足木地板面层铺设施工条件。

4. 工器具准备

量测：钢卷尺、水平尺、角尺、记号笔等。

铺装：锤子、锯子（或者割板器）、回力勾、敲块等。

清洁：扫把、水桶、抹布、垃圾斗、吸尘器等。

四、施工工艺流程

基层检查验收 → 找平、弹线 → 试铺预排 → 铺垫层 → 铺地板 → 收口 → 铺踢脚线 → 清洁。

五、施工要点

（1）基层检查验收。实铺法的木、竹面层，铺设在水泥类基层上，水泥类基层通过质量验收，清理干净，方可进行木、竹面层铺设施工。

（2）找平、弹线。实铺法对地面基层的平整度、干燥度要求较高，铺面层前要找平弹线，如果基层局部平整度不满足要求，可采用水泥砂浆或自流平砂浆找平。铺设地垫前，用检测仪器检查平整度、干燥度，用扫把或吸尘器清洁地面。

（3）试铺预排。铺装地板的走向通常与房间行走方向相一致或根据用户要求，自左向右或自右向左逐排依次铺装，凹槽向墙，地板与墙之间放入木楔，留足伸缩缝。计算最后一排板的宽度，如小于 50 mm 则应削减第一排的板块宽度，使二者均等。木地板面层材料单价相对较高，铺设时尽量避免随意割板，造成材料浪费。受房间实际尺寸限制或满足错缝要求，必须割板的，也要统筹板材使用。

（4）铺垫层。地垫铺平铺满，横向搭接 150 mm。

（5）铺地板。按板块顺序进行拼接,安装时随铺随检查,随时进行调整,检查合格后才能施胶安装。一般在边上 2～3 排施少量专用环保胶固定即可。其余中间部位完全靠槽榫啮合,不用施胶。在地板逐块铺设过程中,为使槽榫精确吻合,可用敲块顶住地板边,用锤轻轻敲击。

（6）收口、过桥安装。在房间、厅、堂之间的接口连接处,地板必须切断,留足伸缩缝,用收口条、五金过桥衔接,门与地面应留足 3～5 mm 间距,以便房门能开闭自如。

（7）安装踢脚线。安装踢脚线,务必把木地板面层与墙体间的伸缩缝盖住。

选购踢脚线的厚度应大于 15 mm,安装时地板伸缩缝间隙在 5～12 mm,应填实聚苯板或弹性体,以防地板松动,木踢脚线应用钉钉牢在墙上,为保证美观,应采用无头钉。很多品牌的木地板,踢脚线及挂件是配套的,每隔一定间距,把挂件钉在墙上,踢脚线卡固在挂件上。打钉时一定要避开预埋管线。

（8）清洁、成品保护。铲除溢出板缝外的胶条,拔出墙边木塞及最后的表面清洁等工作,应待胶黏剂完全固化后方可进行。木地板安装好后要注意成品保护,可以在地板上铺设一层防潮垫和纸板,防止由于后续施工将地板划伤、撞伤。

任务十　悬吊式顶棚施工

任务目标

了解悬吊式顶棚的知识及要求;掌握悬吊式顶棚的施工准备、施工工艺及施工要点。

一、知识准备与一般要求

1. 悬吊式顶棚定义及其适用性

悬吊式顶棚简称吊顶,就是把装饰顶棚悬吊在天花板下面,是建筑内顶部常用的装饰装修方法。为了让建筑内的环境舒适安全,要安装各种电气、通风、空调、通信和消防管线设备等。这些管线设备大多数安装在建筑物顶部,为了让建筑物内环境美观,要把这些管线藏起来,就需要做吊顶。

除美观之外,吊顶还具有保温、隔热、隔声、吸声等功能,需要满足的功能不同,吊顶选用的材料和做法也有差异,但吊顶的构造基本相同,施工工艺、施工要求大同小异。

现在,随着国家经济发展,人民生活水平不断提高,建筑物的管线设备越来越多,吊顶这种装饰装修方法越来越普遍,商场、办公楼、酒店等建筑物在大多数房间和公共空间都安装吊顶。

2. 吊顶的构造组成

吊顶是由吊杆、龙骨骨架、饰面板等组成的系统。

（1）吊杆:在天花板结构层上设置固定件,吊杆用膨胀螺栓等连接在固定件上。

（2）龙骨骨架:由主龙骨＋次龙骨组成,主龙骨挂在吊杆上,次龙骨挂在主龙骨上,呈主次梁结构。按材质分,有木龙骨、轻金属龙骨等,现在绝大多数工程采用轻金属龙骨,包括轻钢龙骨或铝合金龙骨。

（3）饰面板：包括胶合板、纤维板、刨花板、铝塑板、矿棉板、石膏板、金属板等。

二、作业条件

（1）识读吊顶的施工图、设计说明等设计文件。

（2）编制施工技术交底文件，对现场技术人员和作业队组进行技术交底。

（3）基层已经验收合格，与主体结构同时施工完成的预埋预留准确无误。

三、施工准备

1.技术准备

查阅吊顶的设计文件，吊顶一般会进行二次设计选型，要查阅深化施工图、专用图集等系列文件，编写施工组织设计，对现场作业队组、人员进行技术交底。

2.材料准备

检查吊杆、龙骨及配套的吊挂件、面板、固定的螺栓等材料是否符合设计文件要求，材料的材质、品种、规格、图案、颜色、构造、固定方法和位置等均应符合设计要求。检查材料合格证等质量证明文件，检查进场材料及其包装上的标识标牌，核对产品信息与质量证明文件是否一致。

预埋件、钢筋吊杆或型钢吊杆应进行防锈处理。

材料进场后存放好，龙骨和面板一般都是轻质材料，在运输、存放和施工安装中须特别小心，轻拿轻放，避免损坏、变形。

3.现场准备

先进行结构验收，然后在墙柱面弹好标高控制线，一般弹"50线"或"1米线"。

4.工具准备

钢卷尺、墨斗、画线用的石笔或记号笔、电钻、钳子、扳手、螺丝刀等。

四、施工工艺流程

交接验收→定位、弹线→安装吊杆→安装龙骨→安装饰面板。

五、施工要点

1.交接验收

吊顶悬挂在天花板上，天花板的结构强度应满足设计要求，结构验收合格后才能开始安装吊杆。如果吊杆是连接在预埋件上的，要检查预埋件的位置是否正确。

2.定位、弹线

（1）标高线：从墙上的"50线"或"1米线"向上，在墙、柱面上测量出顶棚设计标高，沿墙、柱四周弹出顶棚标高线，允许偏差为5 mm。如果顶棚有叠级造型，叠级标高应全部标出。

（2）位置线：在弹出的标高线上，按主次龙骨间距，在墙上标出主次龙骨的位置，以此为基点引至顶面上,弹出位置线,在主龙骨位置上按吊点间距确定吊杆位置,弹在顶面上。

3. 安装吊杆

(1)吊杆距主龙骨端部距离不得大于 300 mm,当大于 300 mm 时,应增加吊杆。当吊杆长度大于 1.5 m 时,应设置反支撑。当吊杆与设备相遇时,应调整并增设吊杆。

(2)吊杆可以用 $\phi8$、$\phi10$ 钢筋制作,也可以使用型钢吊杆,按施工图或专用图集确定,常用的固定方法如下。

① 预埋法:在混凝土楼板内预埋铁件,吊杆用连接件固定在预埋件上。

② 后置法:用金属膨胀螺栓将铁件固定在楼板底面,吊杆固定在连接铁件上。

4. 安装龙骨

(1)安装龙骨前,应按设计要求对房间净高、洞口标高和吊顶内管道、设备及其支架的标高进行交接检验。

(2)安装主龙骨:首先装配好吊杆螺母,在主龙骨上预先安装好吊挂件,按弹线位置将吊杆穿入相应的螺母并拧好。待全部主龙骨安装就位后,拉线进行调直调平、定位校正。主龙骨校正平直后,将吊杆上的调平螺母拧紧,主龙骨中间部分按具体设计起拱,一般起拱高度不得小于房间横向跨度的千分之三,高低叠级顶棚应先安装低跨部分。

(3)安装次龙骨:主龙骨安装完毕并检查合格后,按照已弹好的次龙骨位置,卡放次龙骨吊挂件,按设计和饰面板尺寸要求确定的间距,用吊挂件将次龙骨固定在主龙骨上。次龙骨紧贴主龙骨安装,并与主龙骨扣牢,不得有松动及扭曲。

(4)重型灯具、电扇及其他重型设备严禁安装在吊顶工程的龙骨上。

(5)金属龙骨的接缝应平整、吻合、颜色一致,不得有划伤、擦伤等表面缺陷。木质龙骨应平整、顺直,无劈裂。

5. 安装饰面板

饰面板种类非常多,其种类不同,使用的龙骨不同,安装方法也不同。

(1)饰面板的安装方法如下。

① 搁置法:将饰面板直接放在 T 形龙骨组成的格框内,用卡子固定。

② 嵌入法:在饰面板预先加工出企口暗缝(槽),安装时将 T 形龙骨的两肢插入企口槽内。

③ 粘贴法:将饰面板用胶黏剂直接粘贴在龙骨上。

④ 钉固法:将饰面板直接用钉子、螺钉、自攻螺钉等固定在龙骨上。

⑤ 卡固法:多用于铝合金吊顶,板材与龙骨直接卡接固定。

(2)不同饰面板常用的安装方法。

① 石膏饰面板:钉固法、粘贴法和暗式企口胶接法。石膏板之间应留出 8~10 mm 的安装缝,用塑料压缝条或铝压缝条压缝。

② 钙塑泡沫板:钉固法和粘贴法。

③ 胶合板、纤维板:钉固法。

④ 矿棉板:搁置法、钉固法和粘贴法。

⑤ 金属饰面板:卡固法、搁置法和钉固法。

(3)安装饰面板前,应完成吊顶内管道和设备的调试及验收,若有通风口、电灯槽等,应先预留位置,设备管线安装后,先装上周边饰面板,最后镶嵌风口、电罩等。

(4)饰面板与龙骨应连接紧密,表面应洁净、色泽一致,不得有翘曲、裂缝及缺损。压条应平直、宽窄一致。

任务十一　　玻璃幕墙施工

🔭 任务目标

了解玻璃幕墙的知识及要求;掌握玻璃幕墙的施工准备、施工工艺及施工要点。

一、知识准备与一般要求

玻璃幕墙就是用支承结构把大幅的玻璃面板固定在建筑外立面,作为建筑的外围护结构。相较于砌体或混凝土,玻璃幕墙材质轻,采光好,室内通透明亮;使用玻璃幕墙,建筑外立面美观,非常有现代感。玻璃幕墙构件在工厂生产,主体施工的同时就可以下订单,由厂家加工制作,主体完工后,把制作好的构件运输到现场,现场安装施工速度快。很多公共建筑,如办公楼、商场、车站、机场等,外立面都选择采用玻璃幕墙。

尽管玻璃幕墙在防火、节能、光污染等方面存在缺陷,但是也有自重轻、采光好、施工速度快等显著优点,而我国的玻璃产量很高,材料易得。针对玻璃幕墙的缺点和局限性,近年来在新材料上有很多突破,结构胶和各种安全环保的玻璃材料研发不断创新,施工维护操作的管理要求也越来越规范,因此,玻璃幕墙应用广泛。

按玻璃面板的支承方式,玻璃幕墙可分为框支承式玻璃幕墙、全玻璃幕墙、点支承式玻璃幕墙。其中框支承式玻璃幕墙又可分为明框玻璃幕墙、隐框玻璃幕墙、半隐框玻璃幕墙。

(1)明框玻璃幕墙,是把玻璃镶嵌在金属框内,成为四边有金属框的幕墙构件。金属框固定在建筑主体结构上。

(2)隐框玻璃幕墙。金属框固定在建筑主体结构上,玻璃板用中性硅酮结构胶黏结在金属框上,金属框全部隐蔽在玻璃后面,形成大面积全玻璃幕墙面。

(3)半隐框玻璃幕墙。将玻璃板两对边嵌在金属框内,另两对边用中性硅酮结构胶黏结在金属框上,形成半隐框玻璃幕墙。立柱外露、横梁隐蔽的称竖框横隐幕墙;横梁外露、立柱隐蔽的称竖隐横框幕墙。

(4)全玻璃幕墙。外墙全使用玻璃板,其支承结构采用玻璃肋;玻璃肋与主体结构可以采用吊挂式固定,大片玻璃支承在玻璃框架上的形式,有后置式、骑缝式、平齐式、凸出式等。

(5)挂架式(点支承)玻璃幕墙:采用四爪式不锈钢挂件与金属立框相焊接,玻璃四角在厂家钻孔,挂件的每个爪与一块玻璃一个孔相连接,即一个挂件同时与四块玻璃相连接,又称"点式玻璃幕墙"。其钢爪间的中心距离应大于 250 mm。

按照施工方式,玻璃幕墙可分为单元式玻璃幕墙和构件式玻璃幕墙。

(1)单元式玻璃幕墙:将面板和金属框架(横梁、立柱)在工厂组装为幕墙单元,以幕墙单元形式在现场完成安装施工的框支承玻璃幕墙。

（2）构件式玻璃幕墙：在现场依次安装立柱、横梁和玻璃面板的框支承玻璃幕墙。

玻璃幕墙施工，一般都是在主体结构上安装预埋件，然后把支承结构的骨架和预埋件连接固定，再把面板（或面板单元）固定在支承骨架上。

二、作业条件

（1）玻璃幕墙工程专业性强，都要进行二次深化设计，安装前应先完成深化设计。

（2）主体结构已经验收合格，与主体结构施工同步完成的预埋预留准确无误。

（3）编制施工方案等指导施工的作业文件并进行交底。

三、施工准备

1. 技术准备

认真清点、核对、审阅设计文件，确保设计文件无误。

编制施工安全技术交底，对作业班组、作业人员进行书面交底。

2. 材料准备

玻璃幕墙的预埋件、金属框、各种支承件、幕墙玻璃、玻璃与金属框间的各种密封固定的胶结材料等，都关系到玻璃幕墙能否合格、是否安全，因此，必须严格检查进场材料的质量，确保原材料质量合格。

3. 施工作业面准备

幕墙是固定在主体结构上的，因此在幕墙安装施工前，主体结构应已经检查验收合格，为了保证幕墙与主体结构连接牢固可靠，幕墙与主体结构连接的预埋件应在主体结构施工时，按设计要求的数量、位置和方法进行埋设，埋设位置应正确。施工过程中如将预埋件的防腐层损坏，应按设计要求重新对其进行防腐处理。

4. 施工工器具准备

幕墙安装施工应配备起重吊装设备，其吊运能力要满足安装施工需要。

安装固定：电钻、钳子、扳手、螺丝刀、打胶枪等。

测量放线：全站仪、投线仪、钢卷尺、石笔或记号笔等。

施工安全防护：安全绳、安全网等。

四、施工工艺流程

定位放线→骨架安装→玻璃安装→耐候胶嵌缝。

五、施工要点

1. 定位放线

根据幕墙的造型、尺寸和图纸要求，进行幕墙的定位放线，要在已经施工完成的主体结构上弹出各种水平或垂直控制线。一般以结构弹出的 1 米线作为水平控制基准线，在主体框架的墙柱构件上弹出水平控制线，在梁板构件上弹出幕墙框架或单元的位置控制线。

2. 骨架安装

一般先安装竖向杆件,然后再安装横向杆件。

骨架的固定是用连接件将骨架与主体结构相连,固定方式有两种:一种是在主体结构上预埋铁件,将连接件与预埋铁件焊牢;另一种是在主体结构上钻孔,然后用膨胀螺栓将连接件与主体结构相连。

3. 玻璃安装

玻璃镀膜面应朝室内方向。

玻璃与构件不得直接接触,玻璃四周与构件凹槽底部应保持一定的空隙,每块玻璃下应至少放置两块宽度与槽口宽度相同、长度不小于 100 mm 的弹性定位垫块。

4. 耐候胶嵌缝

玻璃板材安装后,板材与金属框间、板材与板材间的间隙必须用耐候胶嵌缝予以密封,防止气体渗透和雨水渗漏。嵌缝胶材质应符合设计要求,镶嵌应饱满平整。

任务十二　铝合金门窗安装施工

任务目标

了解铝合金门窗的知识及要求;掌握铝合金门窗的施工准备、施工工艺及施工要点。

一、知识准备与一般要求

1. 门窗分类

门窗按材质来分有木门窗、金属门窗、塑料门窗等。

2. 门窗构件

门窗构件包含门窗框、门窗扇,还有锁、扣、合页、铰链等五金件。

3. 门窗施工方式

目前的施工方式基本为"后塞口",即预留门窗洞口,在洞口内安装固定门窗框并塞缝,然后安装门窗扇及五金件。

二、作业条件

(1)门窗洞口留置正确,已验收合格。
(2)识读门窗施工图及其对应做法图集。
(3)编制施工方案、技术交底并完成书面交底。

三、施工准备

按照施工规范要求,材料在进场后都需要验收,填写验收单。铝合金门窗的材料进场验收主要从以下几个方面进行。

（1）"看"涂层及外观。

铝型材表面处理有阳极氧化（厚度 AA15 级）、电泳涂漆（厚度 B 级）、粉末喷涂（厚度 40～120 μm）和氟碳涂层（厚度≥30 μm）。要求型材表面无凹陷或鼓出，色泽一致无明显色差，保护膜不应有擦伤划伤的痕迹。

（2）"测"强度及壁厚。

型材抗拉强度≥157 N/mm²，屈服强度≥108 N/mm²；型材厚度≥14 mm。

（3）"选"五金配件。

应选用不锈钢或表面镀锌、喷塑的五金配件。

四、施工工艺流程

按照施工程序，铝合金门窗的安装工艺流程如下：弹线定位→门窗框安装就位→门窗框固定→门窗框与墙体间隙填塞→门窗扇及玻璃安装→五金配件安装。

五、施工要点

1. 安装前注意事项

（1）门窗安装应在内外装修基本结束后进行，以避免土建施工的损坏。

（2）铝合金门窗采用先预留门窗洞口、后安装门窗的施工方法。在结构施工期间，应根据设计将洞口留出。门窗框加工的尺寸应比洞口尺寸略小。饰面材料为抹灰面，洞口宽度、高度各小 50 mm，墙面贴瓷砖时各小 60 mm，墙面贴大理石、花岗石等板材时各小 100 mm。以饰面层与门窗框边缘正好吻合为准。

施工过程需遵循施工规范与工艺标准，确保施工质量。

（3）防腐处理。

① 门窗框四周外表的防腐处理按设计要求进行，若设计没有要求，可涂刷防腐涂料或粘贴塑料薄膜进行保护，避免腐蚀铝合金门窗。

② 安装铝合金门窗框时，连接铁件、固定件等安装用金属零件最好用不锈钢件，否则必须进行防腐处理。

准备工作就绪，就可以按照工艺流程的步骤一步步去实施了。

2. 施工做法

（1）弹线定位：用水准仪（或水平管或激光仪）在距离楼地面高 100 cm 的墙上放出基准线（俗称"1 米线"），用该线上翻控制门窗标高，外墙的下层窗应从顶层垂直吊正。施工要求如下：

① 同一立面的门窗在水平与垂直方向应做到整齐一致。

② 在洞口弹出门、窗位置线。

③ 门的安装，须注意室内地面的标高。地弹簧的表面，应与室内地面饰面的标高一致。

（2）安装就位：根据门窗定位线安装门窗框，并调整好门窗框的水平、垂直及对角线长度，符合要求后用木楔临时固定。

（3）门窗框固定：门窗框校正无误后，将连接件按连接点位置卡紧于门窗框外侧墙体上。门窗框与墙体的固定具体方法如下。

① 焊接安装法:将连接条端边与钢板焊牢。此法适用于钢结构。

② 膨胀螺栓安装法:先将膨胀螺栓塞入孔内,螺栓端伸出连接件,再套上螺栓帽。此法适用于钢筋混凝土结构、砖墙结构。

③ 射钉连接法:当采用射钉连接时,每个连接点应射入2枚射钉;固定点间距不大于600 mm,固定件距框两角150 mm。此法适用于钢筋混凝土结构。

④ 燕尾铁角连接法:应先在钻孔内塞入水泥砂浆,将燕尾铁角塞进砂浆内,再用螺钉穿过连接件与燕尾铁角栓牢。此法适用于砖墙结构。

(4)门窗框与墙体缝隙填塞:设计未规定填塞材料品种时,应采用矿棉或玻璃棉毡条分层填塞缝隙,外表面留5～8 mm深槽口填嵌密封胶,严禁用水泥砂浆填塞。应做到诚信施工,材料不能以次充好。

(5)密封胶的填嵌:在门窗框周边与抹灰层接触处采用密封胶密封。密封胶表面应光滑、顺直、无裂纹。

(6)门、窗扇安装:需在土建施工基本完成后进行,安装后应保证框扇的立面在同一平面内,窗扇就位准确,启闭灵活;平开窗的窗扇安装前应先固定窗,然后再将窗扇与窗铰固定在一起;推拉式门窗扇,应先装室内侧门窗扇,后装室外侧门窗扇;固定窗扇应装在室外侧,并固定牢固,确保使用安全。

项目五　墙体节能工程

任务一　墙体节能工程基本知识

任务目标

　　了解墙体节能工程的定义、内容及特点;掌握墙体节能工程中外墙内保温和外墙外保温的施工特点;了解墙体节能工程的一般规定。

一、建筑节能工程的定义

　　建筑领域是能耗大户,约占国民经济总能耗的30%,建筑节能技术已成为当今世界建筑技术发展的重点之一。建筑节能涉及建筑围护结构节能、提高建筑围护结构保温性能、减少其传热损失和空气渗透热损失,是当今建筑设计和施工的重要课题。

　　建筑围护结构通常包括外墙、窗户、屋面、楼梯间、阳台门、户门、地面等。建筑围护结构热损耗较大,采暖居住建筑物75%左右的耗热量是通过围护结构散失的,其中外墙热损耗最大。提高外墙保温性能,是建筑节能的关键环节。

　　外墙是建筑物的重要组成部分,需要满足两个要求:一是满足结构要求（如承重、抗剪等）,需要外墙材料具有较高的结构强度;二是满足保温要求,需要外墙材料具有较低的传热系数。

二、外墙保温系统的构造及特点

　　外墙保温系统按保温层的位置分为外墙内保温系统和外墙外保温系统两大类。其基本构造做法如图5.1所示。

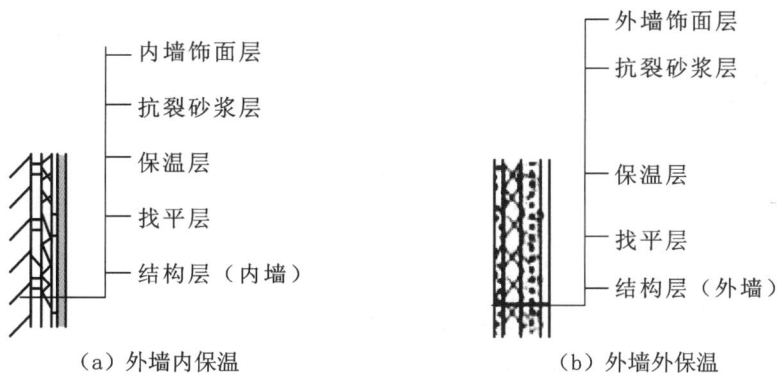

（a）外墙内保温　　　　　　　　　（b）外墙外保温

图 5.1　外墙保温系统基本构造

保温外墙的基本构造如下。

（1）结构层，即承重（或非承重）墙体。

（2）保温层，由一定厚度的保温材料构成。

（3）防护层，覆盖于保温层表面，有抗裂功能。

（4）装饰层，通常为弹性涂料。

复合保温外墙在做法上一般分为外墙内保温和外墙外保温。

三、外墙内保温的施工特点

外墙内保温是把保温层做在结构层内侧，外保温则把保温层做在结构层外侧，即直接与大气环境相接触。我国的外墙内保温做法起步较早，技术上较为简单，造价相对较低，目前南方地区常用的做法是在外墙内侧基层涂刷保温砂浆，然后进行面层抹灰，这种做法湿作业量大，但不易出现裂缝。

四、外墙外保温的施工特点

（1）外保温提高了外墙的保温隔热效果和住宅舒适度。采用同样厚度的保温材料时，外保温可比内保温减少热损失约1/5。在冬季，外墙内表面不会出现结露或发霉，在夏天，外保温层可减少阳光直射和室外高温对室内的影响，使外墙内表面温度和室内温度得以降低。

（2）外保温可使结构墙体得到有效保护。外保温可使结构墙体内外温度变化趋平缓，大大减少了温差应力造成的墙体开裂和破损，提高了建筑物的使用寿命。

（3）外保温可增加室内使用面积。内保温做法使室内墙面难以吊挂物件，也给室内精装修带来一定困难，而外保温做法则不会出现这些问题，综合效益较好。

（4）外保温既适用于新建节能建筑，也适用于既有建筑的节能改造。采用外保温做法，基本不影响住户的正常生活，也不会减少室内使用面积。

五、墙体节能工程的一般规定

（1）墙体保温、隔热材料在运输、储存和施工过程中应采取防火、防潮、防水等保护措施。

（2）女儿墙、挑檐、空调搁板、雨篷、阳台、窗口、勒脚、散水、地下室外墙、穿过外墙的空调孔洞、雨水管卡、变形缝、装饰线条等特殊部位的保温、防水措施应按照设计构造详图进行施工。

（3）穿墙套管、脚手架眼、孔洞等施工产生的墙体缺陷，应按照专项施工方案采取隔断热桥措施，不得影响墙体热工性能。

（4）墙体节能工程使用的材料、产品进场时，应对其下列性能进行复验（复验应为见证取样检验）：

① 保温隔热材料的传热系数或热阻、密度、压缩强度或抗压强度、吸水率、燃烧性能（不燃材料除外）、垂直于板面方向的抗拉强度；

② 复合保温板等墙体节能定型产品的传热系数或热阻、单位面积质量、拉伸黏结强

度及燃烧性能(不燃材料除外);

③ 黏结材料、抹面材料的拉伸黏结强度;

④ 增强网的力学性能及抗腐蚀性能。

(5)墙体节能工程的施工质量,应符合下列规定:

① 保温隔热材料的厚度不得低于设计要求;

② 保温板材与基层之间及各构造层之间的黏结或连接应牢固;保温板材与基层的连接方式、拉伸黏结强度和黏结面积比应符合设计要求;保温板材与基层之间的拉伸黏结强度应进行现场拉拔试验,且不得在界面破坏;黏结面积比应进行剥离检验;

③ 当保温层采用锚固件固定时,锚固件数量、位置、锚固深度、胶结材料性能和锚固力应符合设计和施工方案的要求;保温装饰板的锚固件应使其装饰面板可靠固定;锚固力应做现场拉拔试验。

(6)墙体节能工程应对保温层的基层处理、界面砂浆的涂刷、保温材料的施工、增强网铺设、抹灰层等部位或内容进行隐蔽工程验收,并应有文字记录和图像资料。

(7)墙体节能工程应做好材料的验收记录、复验报告、隐蔽工程验收、检验批验收等内容的质量记录。

任务二　外墙无机保温砂浆内保温施工

任务目标

了解外墙无机保温砂浆内保温施工所用的主要材料;掌握外墙无机保温砂浆内保温施工工艺流程及施工要点。

一、知识准备

外墙无机保温砂浆施工技术是用以改善墙体节能性能的常见技术,该技术主要以膨胀玻化微珠等无机轻集料作为保温隔热材料,并配以界面砂浆、耐碱玻纤网布、抹面砂浆、饰面涂料等材料,从而使建筑外墙施工环节中的保温工程更为优质。

二、作业条件

1.技术准备

(1)识读外墙无机保温砂浆内保温施工的施工图、设计说明等设计文件。

(2)编制专项施工方案与施工交底文件。

(3)对现场作业人员进行施工交底。

2.作业面准备

修整清理基层,验收合格。

三、施工准备

1.材料准备

主要材料有膨胀玻化微珠保温隔热砂浆、膨胀玻化微珠轻质砂浆、界面砂浆、耐碱玻纤网布、抹面砂浆、饰面涂料等。

2.劳动力组织

抹灰工及辅助工人。

3.设备与机具

强制式砂浆搅拌机、手提式搅拌器、垂直运输机械、水平运输手推车、常用抹灰工具及抹灰的专用检测工具、水桶、壁纸刀、滚刷、铁铲、扫帚、錾子、方尺、探针、钢尺等。

四、施工工艺流程

基层处理→刷界面砂浆→保温砂浆施工→抹面层施工→饰面层施工。

五、施工要点

1.外墙无机保温砂浆内保温系统基本构造

外墙无机保温砂浆内保温系统基本构造如图5.2所示,墙面应坚实、平整、干燥、洁净,墙面松动、风化部位应剔除干净。

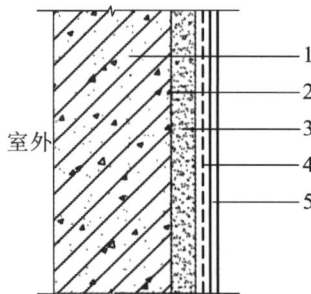

图5.2 外墙无机保温砂浆内保温系统基本构造示意图
1—混凝土墙及各种砌体墙基层;2—界面砂浆(应采用配套的专用界面砂浆);
3—无机保温砂浆保温层;4—抹面砂浆及耐碱玻纤网布;5—涂料饰面作饰面层

2.界面砂浆

应采用配套的专用界面砂浆,均匀涂刷于基层表面。

3.无机保温砂浆施工规定

(1)外墙采用无机保温砂浆做保温层时,应在施工中制作同条件养护试件,检测其传热系数、干密度和抗压强度,保温浆料的试件应进行见证取样检验。

(2)外墙无机保温砂浆内保温系统中,保温砂浆与基层墙体拉伸黏结强度应符合设计要求。

(3)保温砂浆应按设计或产品说明书的要求配置,采用专用机械搅拌,搅拌时间宜为

3~6 min,搅拌后的浆料应在 2 h 内用完。

（4）应先用保温砂浆做标准饼,然后冲筋,其厚度应以墙面最高处抹灰厚度不小于设计厚度为准,并应进行垂直度检查,门窗口处及墙体阳角部位宜做护角。

（5）保温砂浆应分层施工,每层厚度不宜大于 20 mm,后一层保温砂浆施工,应在前一层保温浆料终凝后进行;保温浆料层与各构造层之间的黏结应牢固,不应脱层、空鼓和开裂。

（6）保温层厚度应使用插针法检查,并符合设计要求。

4.抹面层施工规定

（1）应预先将抹面砂浆均匀涂抹在保温层上,再将耐碱玻纤网布埋入抹面胶浆层中。

（2）耐碱玻纤网布搭接宽度不应小于 100 mm,两层搭接耐碱玻纤网布之间必须满布抹面砂浆,严禁干槎搭接。

（3）抹面砂浆层厚度应根据外饰面材料确定,涂料饰面时不应小于 3 mm,面砖饰面时不应小于 5 mm。

5.饰面层施工

外墙无机保温砂浆内保温系统采用涂料饰面时,宜采用弹性腻子和弹性涂料。

任务三　外墙无机保温板系统施工

任务目标

了解外墙无机保温板系统施工所用的主要材料;掌握外墙无机保温板系统的施工工艺流程。

一、知识准备

外墙无机保温板系统施工是把岩棉板或发泡陶瓷保温板直接粘贴在建筑物的外墙外表面上,形成保温层,用耐碱玻璃纤维网格布增强聚合物砂浆覆盖保温板表面,形成防护层,然后进行饰面处理。外墙无机保温板系统的构造如图 5.3 所示。

二、作业条件

1.技术准备

（1）识读外墙无机保温板系统的施工图、设计说明等设计文件。

（2）编制专项施工方案与施工交底文件。

（3）对现场作业人员进行施工交底。

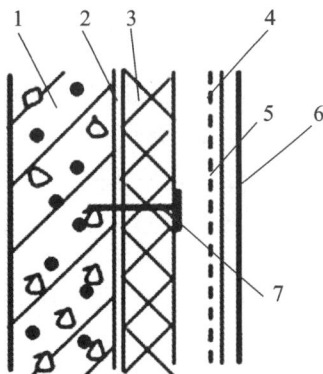

图 5.3　外墙无机保温板系统
1—结构层;2—胶黏剂;3—保温板;
4—玻璃纤维网格布;5—抹面层;
6—饰面层;7—锚栓

2．作业条件准备

（1）修整清理基层，验收合格。

（2）基层及环境空气温度不应低于 5 ℃，在 5 级以上大风天气和雨天不得施工。

（3）施工用吊篮或专用外脚手架应经过验收合格。

三、施工准备

1．材料准备

主要材料有岩棉板、发泡陶瓷保温板、锚栓、胶黏剂、抹面胶浆、玻璃纤维网布、托架、托架锚栓、护角线、滴水线条、垫片、密封膏、密封条等。

2．劳动力组织

安装工人及辅助工人。

3．设备与机具

磅秤、搅拌器、电锤、冲击电钻、裁刀、螺丝刀、剪刀、钢丝刷、扫帚、棕刷、开刀、墨斗、抹子、压子、阴阳角抹子、托线板、2m 靠尺等。

四、施工工艺流程

基层处理→放线挂线→安装托架→配制胶黏剂→粘贴玻纤网→粘贴保温板→压入增强玻纤网→抹底层抹面胶浆和压入底层玻纤网→安装锚栓→抹中层抹面胶浆和压入面层玻纤网→抹面胶浆→饰面层施工。

五、施工要点

1．基层处理

基层表面应坚实、干燥，表面应清洁，无油污和脱模剂等妨碍黏结的附着物。剔除凸起、空鼓和疏松部位并找平，找平层与墙体应黏结牢固。

2．放线挂线

（1）应根据建筑立面设计和专项施工方案，在墙面弹出外门窗洞口水平和垂直控制线、变形缝、装饰线、托架的位置线。

（2）在建筑外墙阳角、阴角及其他必要处应挂设垂直基准线，各楼层应根据拟粘贴的板材排版尺寸弹出水平控制线。

（3）设置系统变形缝时，应在墙面弹出系统变形缝及宽度线，标出无机保温板粘贴位置，应根据墙面洞口分布情况进行无机保温板的排板、弹线。

3．安装托架

应将托架固定于基层墙体的勒脚、阳台栏板、窗口上沿等无机保温板安装的起始位置和设计要求的部位，金属托架安装前应进行防腐处理。

4．配制胶黏剂

（1）应按照产品说明的配比和制作工艺，在现场配制胶黏剂。

（2）施工前应按现行行业标准《外墙外保温工程技术标准》（JGJ 144—2019）的规定做基层墙体与胶黏剂的拉伸黏结强度检验,拉伸黏结强度不应低于 0.3 MPa,且黏结界面脱开面积不应大于 50%。

5.黏结玻纤网

在板材安装起始部位及门窗洞口、女儿墙等收口部位应黏结玻纤网,宽度应为板厚加 200 mm,长度应根据施工部位具体情况确定。

6.粘贴无机保温板

（1）无机保温板应先从阴、阳角和门、窗口方向自下而上施工,沿水平方向铺设粘贴,竖缝应逐行错缝,错开尺寸不宜小于 200 mm,在墙角处应交错互锁,伸出阳角的交错部分不应涂抹胶黏剂,如图 5.4 所示。

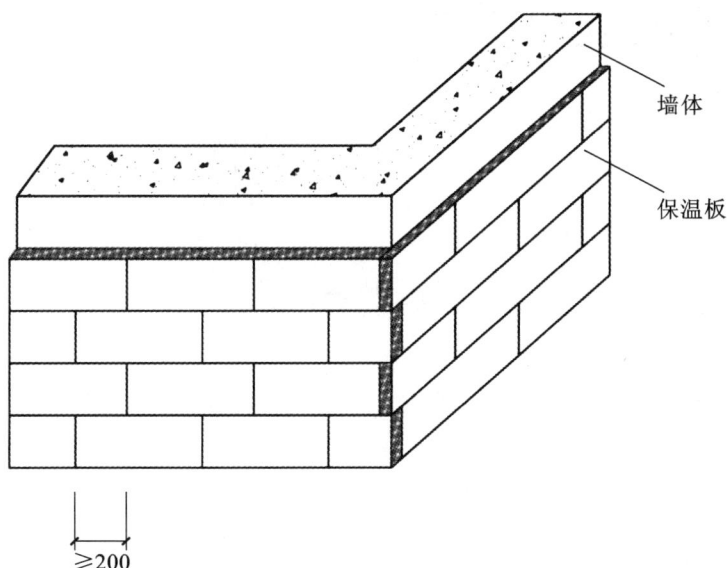

图 5.4　墙角处无机保温板排布示意图

（2）门窗洞口四角处,应将整块无机保温板切割成"L"形,接缝距洞口四周距离不小于 200 mm,如图 5.5 所示。

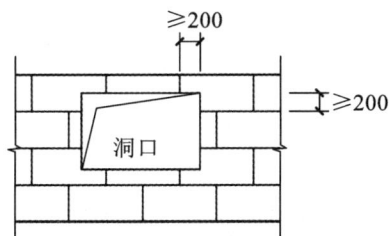

图 5.5　洞口处无机保温板排列示意图

（3）在无机保温板上抹胶黏剂后,应将保温板下端与基层墙体墙面粘贴,自下而上均匀挤压。

（4）粘贴无机保温板时,应随时用 2 m 靠尺和托线板检查平整度和垂直度。

（5）应清除板边溢出的胶黏剂,板与板之间应无"碰头灰"。

7. 保温板材与基层的黏结

保温板材与基层的黏结面积比应符合下列规定:

（1）岩棉板有效黏结面积比不应小于50%;

（2）发泡陶瓷保温板有效黏结面积比不应小于80%。

8. 压入增强玻纤网

门窗洞口四角处应在岩棉板表面沿45°方向加铺300 mm×200 mm 的玻纤网,如图5.6 所示。

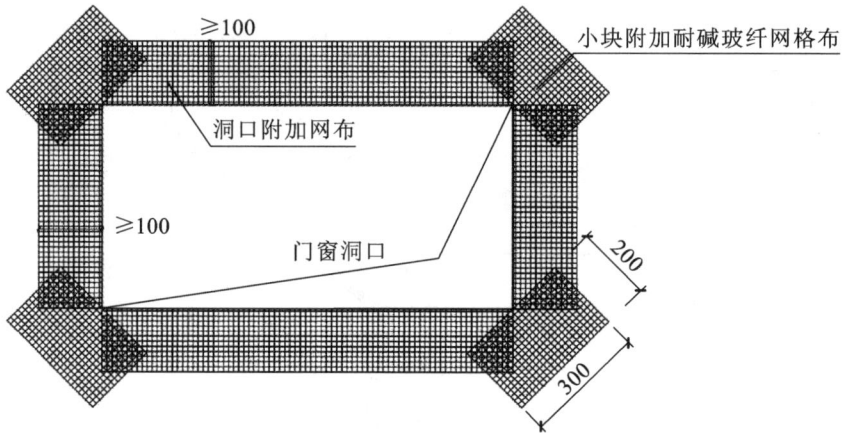

图 5.6　门窗洞口网布加强示意图

9. 抹底层抹面胶浆和压入底层玻纤网

（1）保温板材粘贴完成1～2 d 后,应及时进行抹面胶浆的施工。

（2）抹面胶浆应按照比例配制,并按产品要求在规定时间内用完。

（3）抹面胶浆应均匀涂抹于板面,厚度应为2～3 mm。

（4）在抹面胶浆可操作时间内应将底层玻纤网压入抹面胶浆中。

（5）应沿水平方向把玻纤网绷直绷平,并将弯曲的一面朝里,自上而下铺设,用抹刀将网布压入砂浆内,从中央向四周抹平,玻纤网应拼接严密,不得干搭接。

10. 安装锚栓

（1）应在底层玻纤网铺设完毕24 h 后,且经检查验收合格后进行锚栓安装。

（2）锚栓应按设计要求的位置与数量进行安装。

11. 中层抹面胶浆和面层玻纤网施工

（1）锚栓安装完毕经验收合格后,应在底层玻纤网上抹抹面胶浆。

（2）压入面层玻纤网,玻纤网应从中央向四周抹平,铺贴遇有搭接时,搭接宽度不应小于100 mm。

（3）阳角处宜采用角网增强处理,角网应位于面层玻纤网内,不得搭接。

12. 面层抹面胶浆施工

（1）面层抹面胶浆施工宜在中层抹面胶浆凝结前或施工24 h 后进行。

（2）抹面胶浆施工间歇应设在一个楼层处。在连续墙面上如需停顿，抹面胶浆应形成台阶形坡槎，留槎间距不应小于 150 mm。

（3）抹面胶浆施工完成后，应检查平整度、垂直度及阴阳角方正，不符合要求的部位应使用抹面胶浆进行修补。

13. 饰面层施工

外饰面作业应待抹面胶浆基层达到饰面施工要求时进行，装饰面层施工应符合设计要求。

任务四　外墙建筑反射隔热涂料施工

任务目标

了解外墙建筑反射隔热涂料的作用原理；掌握外墙建筑反射隔热涂料施工的工艺流程。

一、知识准备

建筑反射隔热涂料又称太阳热反射隔热涂料，其涂层能够有效反射和辐射太阳辐照能量。建筑反射隔热涂料适用于房屋顶面或外墙面，可以采用喷涂、滚涂、刷涂等方式施工，是应用范围非常广泛的节能材料。

二、作业条件

1. 技术准备
（1）识读外墙建筑反射隔热涂料施工的施工图、设计说明等设计文件。
（2）编制专项施工方案与施工交底文件。
（3）对现场作业人员进行施工交底。

2. 作业条件准备
（1）基层应施工完毕并验收合格。
（2）施工用吊篮或专用脚手架应经过验收合格。
（3）施工环境温度应在 5～35 ℃，空气相对湿度宜小于 85%。

三、施工准备

1. 材料准备
建筑反射隔热涂料、配套使用的底漆、配套使用的柔性腻子。

2. 劳动力组织
涂饰工人及辅助工人。

3.设备与机具

(1)油灰刀、钢丝刷、腻子刮刀或刮板、砂纸、排笔、盛料桶、天平、磅秤等刷涂及计量工具。

(2)羊毛辊筒、海绵辊筒、配套专用辊筒及匀料板等滚涂工具。

(3)塑料辊筒、铁质压板等滚压工具。

(4)喷涂设备、空压机、手持喷枪、喷斗、各种规格口径的喷嘴、高压胶管等喷涂机具。

四、施工工艺流程

基层处理→刮涂柔性腻子→刷底漆→刷建筑反射隔热涂料。

五、施工要点

1.基层处理

基层处理应清除基层表面灰尘和其他黏附物。

2.刮涂柔性腻子

(1)应按照配合比配制腻子。

(2)刮涂腻子应分层进行,刮涂层数宜为2道,每道腻子厚度不应大于2 mm。刮腻子时应横竖刮,第一遍横向满刮,第二遍竖向满刮,并找补腻子。

(3)接槎和收头部位腻子应刮净,每道腻子干燥后应采用砂纸磨平并清理干净。

3.刷底漆

选用漆刷应先涂刷阴角处,然后用滚筒涂刷,按先小面后大面、从上到下的顺序施工,门窗洞口等边角部位应涂刷到位。

4.刷建筑反射隔热涂料

(1)同一墙面同一颜色应用相同批号的涂层材料,当同一颜色批号不同时,应预先混匀,保证同一墙面不产生色差。

(2)涂饰材料的施工黏度应根据施工方法、施工季节、温度、湿度等条件进行控制,按产品说明书调配,不得随意加稀释剂或水。

(3)涂饰施工分段应以墙面分格缝、墙面阴阳角或落水管为分界线。

(4)采用施工辊筒和毛刷进行涂饰时,每次蘸料后宜在匀料板上来回滚匀或在桶边舔料。

(5)采用喷涂时应控制涂料黏度和喷枪的压力,保持涂层厚薄均匀,色泽均匀,不应露底流坠。

(6)干燥较快季节,大面积涂饰时,应由多人配合操作,采取流水作业,顺同一方向涂饰。

5.成品保护

外墙保温工程施工完成后,禁止在保温墙面上随意剔凿,避免尖锐物品撞击。外墙无机保温板系统各构造层的材料在完全固化前应防止淋雨、撞击和振动。

参 考 文 献

[1] 《建筑施工手册》(第 4 版)编委会.建筑施工手册[M].4 版.北京:中国建筑工业出版社,2003.

[2] 姚谨英.建筑施工技术[M].5 版.北京:中国建筑工业出版社,2014.

[3] 中华人民共和国住房和城乡建设部.建筑工程施工质量验收统一标准:GB 50300—2013[S].北京:中国建筑工业出版社,2013.

[4] 中华人民共和国住房和城乡建设部.砌体结构工程施工规范:GB 50924—2014[S].北京:中国建筑工业出版社,2014.

[5] 中华人民共和国住房和城乡建设部.混凝土小型空心砌块建筑技术规程:JGJ/T 14—2011[S].北京:中国建筑工业出版社,2011.

[6] 中华人民共和国住房和城乡建设部.装配式混凝土建筑技术标准:GB/T 51231—2016[S].北京:中国建筑工业出版社,2016.

[7] 中华人民共和国住房和城乡建设部.装配式混凝土结构技术规程:JGJ 1—2014[S].北京:中国建筑工业出版社,2014.

[8] 中华人民共和国住房和城乡建设部.屋面工程质量验收规范:GB 50207—2012[S].北京:中国建筑工业出版社,2012.

[9] 中华人民共和国住房和城乡建设部.地下防水工程质量验收规范:GB 50208—2011[S].北京:中国建筑工业出版社,2011.

[10] 中华人民共和国住房和城乡建设部.单层防水卷材屋面工程技术规程:JGJ/T 316—2013[S].北京:中国建筑工业出版社,2013.

[11] 中华人民共和国住房和城乡建设部.建筑装饰装修工程质量验收标准:GB 50210—2018[S].北京:中国建筑工业出版社,2018.

[12] 中华人民共和国住房和城乡建设部.住宅装饰装修工程施工规范:GB 50327—2001[S].北京:中国建筑工业出版社,2001.

[13] 中华人民共和国住房和城乡建设部.建筑装饰装修职业技能标准:JGJ/T 315—2016[S].北京:中国建筑工业出版社,2016.

[14] 中华人民共和国住房和城乡建设部.建筑地面工程施工质量验收规范:GB 50209—2010[S].北京:中国建筑工业出版社,2010.

[15] 中华人民共和国住房和城乡建设部.自流平地面工程技术标准:JGJ/T 175—2018[S].北京:中国建筑工业出版社,2018.

[16] 中华人民共和国住房和城乡建设部.玻璃幕墙工程技术规范:JGJ 102—2003[S].北京:中国建筑工业出版社,2003.

[17] 中华人民共和国住房和城乡建设部.玻璃幕墙工程质量检验标准:JGJ/T 139—2020[S].北京:中国建筑工业出版社,2020.

[18] 中华人民共和国住房和城乡建设部.建筑轻质条板隔墙技术规程:JGJ/T 157—

2014[S].北京:中国建筑工业出版社,2014.

[19] 中华人民共和国住房和城乡建设部.铝合金门窗工程技术规范:JGJ 214—2010 [S].北京:中国建筑工业出版社,2010.

[20]　中华人民共和国住房和城乡建设部.建筑节能工程施工质量验收标准:GB 50411—2019[S].北京:中国建筑工业出版社,2019.

[21] 中华人民共和国住房和城乡建设部.建筑工程绿色施工规范:GB/T 50905—2014 [S].北京:中国建筑工业出版社,2014.

[22] 中华人民共和国住房和城乡建设部.民用建筑工程室内环境污染控制标准:GB 50325—2020[S].北京:中国建筑工业出版社,2020.